U0071632

Vision

一些人物，
一些視野，
一些觀點，
與一個全新的遠景！

人生金牌教練／管家賢著

三財一生

金牌教練教你同時健康、快樂又有錢

謹以此書獻給我

永遠懷念的母親 管劉玉蘭 女士

年邁慈祥的父親 管耀宗　先生

無論在 天上還是人間

不斷賜給我 無限的愛與支持

直到永遠

【推薦序一】「學習」人生致富學

李紹唐（連營科技總經理）

　　人生有三次機會，出生、結婚以及遇到良師益友。您可能無法決定您的出生，也無法全然掌握您的婚姻，但您卻能完全掌握您想要選擇結交的良師益友！

　　2005年認識家賢，由於他的熱情以及主動積極的學習態度，三年來我一直鼓勵他運用他的天賦以及十多年諮詢上千學員累積的豐富經驗，在學習上增加書籍的導讀以及經驗的分享，讓更多朋友都能加入學習的行列！三年來的觀察，家賢不僅成立了「賢能菁英讀書俱樂部」固定每月與朋友分享讀書心得，更善用PDA手機、數位相機等數位科技工具，把日常生活中所發生的點點滴滴及學習心得經驗記錄下來，即時的分享給更多的朋友。不論在深度及內涵上，我看到家賢都透過這樣不斷的分享及付出，成長非常多。

　　從他身上，我看到一位很有熱情、學習力強的人，不只願意持續不斷地吸收、分享，對朋友更是不求回饋地付出！很高興看到他將十八年累積下來的諮詢經驗加以整理出版成書，家賢一直不斷推廣人們應要同步追求健康、快樂、金錢三種財富，方能擁有圓滿而喜樂的人生，透過《三財一生——金牌教

練教你同時健康、快樂又有錢》這本書的出版，相信可以提供
給社會上更多年輕的朋友，或者是想要擁有更好人生道路的朋
友，少走一些冤枉路。

這本書有三大特色：

第一、人生處處是學習：就像我提到企業與人都要持續創
造擁有「五力」，學習力、生命力、執行力、競爭力及成長力
這五種能力一樣，在這本書中，家賢每個章節處處都在提醒讀
者，學習、學習、再學習。從學習如何「學習」，可以從大自
然的彩虹、樹木，可以閱讀書本、甚至讀人，從學生、貴人，
凡事都能從中得到學習，只是您有沒有發現！當然您也要學習
選擇您要過的人生，包括如何擁有健康、快樂、金錢，甚至擁
有機會、貴人以及個人成長的行動方案。最重要的是，透過家
賢的許多真實案例的分享，您也在學習如何與書互動、與人互
動，甚至傾聽內心的聲音，與自己互動。

第二、善用數位科技能力：因為家賢勤於善用PDA記錄與人
互動，所以在兩年前就播下了未來與我深入互動的種子；對於
任何學習心得隨手地記錄在PDA上，隨時運用並加以熟練，甚至
為了提供學員如影隨形的學習服務，而有每日早上六時傳送的
「能量簡訊」及《管語錄》手冊及筆記本的產生。令人印象深
刻的是，家賢隨身不忘攜帶數位相機，記錄下與人相識及聚會
的點滴，成為最真實的人生教材，透過數位科技能力，他成為

一位超級會說故事的人，而且是真實的人生故事。所有的用心努力及創新服務，都是為了想讓學員學習效果更佳。您是否也有這樣用心服務的熱誠呢！只要多學一點、腦袋多動一點，您也可以像他一樣享受數位科技工具為生活所帶來的便利及益處。

第三、展現真實的人生：

很高興我與家賢這三年的互動過程，詳細記錄地呈現在讀者面前，書中也特別分享了我個人二十四年職涯的藍海策略行動方案，因為真實，所以深刻，期望能對讀者有所幫助。在這本書中，您可以看到家賢真實地展現他的人生，實踐他所教給學員的每一個概念，以身作則示範給學員看，這是家賢捨講師而以「教練」自居，開創個人事業藍海策略的獨特之處。如果有一位老師不是用「說」的，而是直接真實地示範給您看，相信這種學習必定眼到、手到、心到。

人生如戲，不過，精采的人生更是一場需要不斷學習成長的大戲。《三財一生——金牌教練教你同時健康、快樂又有錢》是一本值得推薦、深入淺出的好書，書中每一個精采的真實故事，最終目的都是希望讀者能從中學習到有助於您的經驗。我相信只要您能從中發現、學習、運用進而熟練，一定會變成您一生享用不盡的財富！

【推薦序二】信心決定一個人的高度

—— 謝金河（《今周刊》發行人）

2005年，第一次碰到管家賢是在年代的攝影棚，那個時候管家賢陪同李紹唐兄到年代來談「藍海策略」，只見他壯碩的身材，端出一張「金牌教練」的名片。心想怎麼有人那麼臭屁，自封「金牌」。後來幾次與家賢相處，印證了他是一位有自信的人，而且，他用他的自信燃起的熱情在周遭朋友中散發熱力。

今年2007年，管家賢當選了台北健康扶輪社的社長，在「登基」大典中，港中台三地的好友都趕來為他助陣，場面甚是熱烈。在企管顧問業界，家賢激勵人心向上，他倡導「三財一生」的觀念，積極協助許多學生建構一個擁有健康、快樂、財富的圓滿人生。現在很多人擁有財富，卻不健康，也有的人擁有很多財富卻不快樂，還有人不但沒有健康，也沒有快樂，更沒有財富。這「三財一生」實在是人生值得追求的至高境界。

家賢兄天生熱情，又有自信，他是很好的人生導師，他經營的「賢能菁英讀書俱樂部」、部落格以及讀書會網站，總是能吸引眾多奮力精進的人士。這次《三財一生──金牌教練教

你同時健康、快樂又有錢》的專書出版，我相信將令更多讀者
受益。

【推薦序三】創意開創財富的藍海

江南春 （中國分眾傳媒CEO）

2006年9月25日第一次見到管兄，是透過紹唐兄介紹在上海共進晚餐。對管兄印象最深刻的是他在餐敘上，每上一道菜就問我一個他用心準備過的問題。

後來在2007年5月13日再次見到管兄，當時我與紹唐兄在上海影城，在短短十分鐘的聊天當中，紹唐兄告知我管兄即將要出書，希望我能為管兄寫推薦序。當下，我告訴紹唐兄：「您的朋友，就是我的朋友。我答應幫管兄寫推薦序。」管兄也立即遞上《三財一生──金牌教練教你同時健康、快樂又有錢》的大綱、紹唐兄的推薦序和其中一篇文章〈吃出機會與智慧〉。

我閱讀完畢後發現，管兄在前次餐敘當中所提出的七個問題，個個切中要點，並且彼此互相關聯。

財富存在於天地之間，重點在於是否了解自己真正渴望的是什麼？管兄所提的問題從使命、願景、激情、企圖心、行動力、金錢觀與如何學習，這些問題，個個都是關鍵。令我回想當初創立「分眾傳媒」時，創業的成敗關鍵。從創意到生意、從無到有，這七個問題都是我所重視的內在思維。

　　開創人生的財富就在於懂得問對問題，相信自己，並盡一切的努力投入去開創，不論結果如何都得學會去接受，這也是分眾的藍海，致勝的關鍵。

　　相信管兄這本《三財一生——金牌教練教你同時健康、快樂又有錢》的出版，能帶給讀者一些啟發，不論是在健康、快樂、金錢上，同時也預祝您善用創意去創造屬於自己人生的財富。

【推薦序四】樂在學習

王克亭（賽仕電腦軟體總經理）

　　優秀的業務要有良好與人互動的人脈經營能力，套句管家賢教練常說的「與人相處感覺對，做什麼都無所謂；感覺不對，接下來有可能都是誤會。」而管家賢教練是我很想一輩子一起互相分享、學習的好朋友。

　　我與我在甲骨文的前主管，也是我的良師益友李紹唐先生，常在位於台北市松江路93巷的「人文空間」聚會。除了向他請益工作上的事項外，並分享彼此的閱讀及學習的心得。2005年4月16日下午，我們照往例在這兒討論分享，有幸也一起認識了管家賢教練。當時對於他如數家珍地詳實說明他與李紹唐先生幾次遠距離接觸的過程，印象深刻；深入交談後，除了覺得他是位滿健談的朋友，在很多學習及分享上的理念也都很接近。我也是一位持續不斷的學習者，但很少碰到像我一樣，甚至還比我熱愛學習及大量閱讀的朋友。他的熱愛學習也是他個人最佳的銷售賣點。

　　因為李紹唐先生的關係，2005年9月，我代表甲骨文台灣區代表去北京出差時，又在《藍海策略》大陸版新書發表會上與管家賢教練再度碰面，再次互動。直覺管家賢教練是位不會給

人壓力、擁有正面能量，思維又很特別的朋友，與其對話常可以產生源源不絕的火花。相識兩年多來，他不僅是位充滿陽光能量的人，也是位非常有理想的人，對於他「發現使命、成為使徒、使人喜樂」的人生使命深感敬佩！為了在五十歲成為一位行動思想家，管家賢教練不斷地大量閱讀、學習，身為好友也頗受激勵。雙方深厚的友誼就是這樣建立在學習之上，加上未來也都希望將學習及分享當成人生志業般持續進行，在過去每一個月至少一至兩次的持續聚會中，除了在一起學習，也一起認識許多願意學習分享的朋友，志同道合的朋友也愈來愈多。

　　台灣近幾年市場競爭激烈，很多人選擇屈服環境因素而自我受限。在我帶領甲骨文台灣區的業務同仁努力開拓市場之際，從家賢正面、有能量的看事物角度，以及賣產品不如先賣自己，藉此勉勵所有從事業務工作者都能有正面能量思考的力量，創造更多的成交機會。

【推薦序五】成功者的鑰匙

——（陳安之國際訓練機構總裁）

我認識管家賢老師已經十七年，我確信他的每一句話，都足以改變你的一生。

《三財一生——金牌教練教你同時健康、快樂又有錢》這本書隱藏了許多改變你一生的話，擁有它等於擁有了通往成功的鑰匙。

【自序】感謝與分享

《三財一生——金牌教練教你同時健康、快樂又有錢》的出版首先要感謝我的恩師——前中國多普達通訊公司CEO兼總裁李紹唐先生，認識他近三年，他對我的啟蒙、提拔、教導、引薦、鼓勵、激發，使得我在工作能力上大幅提升，在生活中有深刻體悟。

由於李紹唐先生的洞見，指點我導讀《藍海策略》，教我如何運用《藍海策略》的思維模式，開創一片屬於自己生涯的全新藍海。從建議我辦讀書會，在兩岸的台北、高雄、上海、北京，更推薦我到大陸中國企業家公司內部舉辦讀書會和培訓，甚至強力推薦實瓶文化出版《三財一生——金牌教練教你同時健康、快樂又有錢》。

出書時，李紹唐先生不僅幫我寫推薦序，同時發揮他的影響力，力邀《今周刊》發行人——謝金河先生、中國分眾傳媒CEO——江南春先生、甲骨文台灣區業務部執行副總——王克寧先生，以及陳安之國際訓練機構總裁——陳安之先生，共同為我這本《三財一生——金牌教練教你同時健康、快樂又有錢》聯合推薦。感謝恩師李紹唐先生，沒有他，這本書內容不會如此豐富；沒有他，這本書也無法出版得這麼順利。

　　我也聽從李紹唐先生的建議,將本書的版稅全數捐給伊甸文教基金會。

　　另外我還要感謝我的學生,也是這本書的文字編排──賴麗雪小姐。這半年來由我口述,麗雪用她的耐心聆聽、用她的快手,一個字一個字的在電腦螢幕上同步產出。我非常感謝麗雪的高度配合,書的文字內容才得以完成。

　　我還要感謝的是過去十八年來,所有跟我諮商過、上過課的學生們。因為你們,我的人生才會如此豐富,並且具有意義。

　　因為書中所有的方法和領悟,都是我與學生在互動過程中,所產生的絕妙好點子累積而成。我自己很有成就感,也為所有因為提升而改變的學員們感到喜悅。這本書其實是集體創作的結果,我只是其中一位代表,與大家一起分享這份喜悅。

　　最後,我要感謝我的父母,沒有他們的付出與關懷,不會有我今天的存在。我在此要向我的父親　管耀宗先生,在天上的母親　管劉玉蘭女士,說聲:「我永遠愛您們!」

目錄

Chapter 1　點燃火炬

向太陽馬戲團學習

我們過去的經驗，包括親人離別、情感的失落、財富的失去等。如果我們能接受它是生命中的一部分，並且正面看待，那麼它們將成為我們勇敢往前走的正面力量。

「管教練，我對我現在的工作沒有熱情。我是不是該換工作了？」「我覺得沒有什麼是我感興趣的……」在我一對一Coaching過程中，我不斷地要處理及面對學員失去「熱情」這個問題。我總是會想到《發掘你的太陽魔力》一書中所提到的：「生活永遠不能困住你，你可以隨心所欲地創造美好的事物。」而當我看到「太陽馬戲團」的演出時，我開始非常「視覺化」地解答這個問題。因為生命中有很多感動，而看畫面比看書快，一看到畫面，答案也就自然地呈現在每個人的心中。

沒有動物表演的馬戲團？

2005年8月，我第一次聽到「太陽馬戲團」，是透過當時就任於中國甲骨文華東暨華西區董事總經理李紹唐先生所推薦的《藍海策略》一書，書中精采剖析這個沒有動物表演的馬戲

團，是如何透過發掘表演者的肢體動作到極致，以及將表演藝術化來開創自己的藍海，太陽馬戲團還成為當今全世界唯一股票上市的馬戲團。

這個新奇的發現，讓我忍不住當下立刻便透過亞馬遜書店網路下單，希望親眼見識書中描繪的太陽馬戲團的神奇魔力。我三天後收到DVD，搶先觀看後，與所有人一樣，我在凝神讚嘆，以及覺得不可思議下，一而再、再而三地觀看太陽馬戲團融合藝術、音樂、體操、特技及挑戰人體極致的演出。如此精采絕倫、不可思議的表演，不僅讓我對《藍海策略》有更深的領會，也從中獲得啟發，並更精準地找到屬於自己的藍海策略，而為自己的教練工作找到更清晰、更強而有力的定位。

2006年在台灣上市出版的《發掘你的太陽魔力》一書，透過一位對工作失去熱情的體育經紀人法蘭克的親身帶領，終於讓我們更深入了解太陽馬戲團的神奇魔力來源。

成功前的「銘印」

在太陽馬戲團「火焰人」的表演節目中，一位表演者手持一根棍棒，兩端各有一團點燃的火球，火球在他的雙手快速操控下，自由飛揚地活躍在表演者的四周，形成一場華麗的火舞表演。當我們看到表演者的自信以及極致、熟練的美感，細想他自信的根源以及完美演出的背後，你是否也看到表演者被火

燙傷的「銘印」？

　　我們過去的經驗，西方稱為「制約」，東方則稱為「銘印」。如果能接受它是生命中的一部分，並且正面看待，那麼過去的經驗將成為勇敢往前走的正面力量，包括恐懼、親人離別、情感的失落、財富的失去。或許你會問，難道他們不會恐懼被火燙傷嗎？太陽馬戲團告訴大家：假設恐懼對你一點幫助都沒有，那就無須恐懼了。

　　你一定也發現到，在太陽馬戲團裡，每位上台演出的演員，每個人與眾不同的妝容，這在所有的演出中也扮演了很重要的一環，因為化妝的目的不是掩飾缺點，而是呈現最好的一面。在太陽馬戲團裡，每位表演者的妝容都是「專業」的一環，甚至包括服裝、道具等等。在工作上、在生活上，你是否也為你的演出化好完美的妝容呢？

童心萬萬歲

　　有人問畢卡索，要如何像他一樣熟練畫出每一幅畫。畢卡索回答，因為他一輩子都在花時間學習如何像小孩子般思考，如何用發現的心情去面對一成不變的人、事、物！如此他才能幾十年來，即使面對不同素材，仍然能夠童心未泯地一直畫下去。

　　在小孩子學騎腳踏車過程中，我們會發現小孩子因為一開

始害怕跌倒，所以只能在一旁觀看，到後來知道如何踩踏才能平衡，而即使跌倒受了傷，卻仍然想要騎腳踏車。這種心情會讓小孩子願意在豔陽下忍痛練習，一直到最後擁有駕馭自如的快感，而當孩子學會後，你會發現即使許久未騎，孩子也不會忘記如何駕馭。如果小孩子學會新把戲的法則是有效的，那麼就讓我們學習小孩子單純的「我要」的心情去學習每件事吧！

一成不變是成長的大忌！因為真實的人生，改變是常態，但不改變將會是災難。例如我們常常聽到很多長輩或朝九晚五的上班族說過得很好、知足是福，這些看似滿足現狀的話，換個角度看，是指現在的環境對他們而言是舒適的，但並不代表他們是滿意的，只是他們拒絕繼續接受挑戰以及學習成長！

如果你覺得你的工作或生活一成不變、了無新意，建議你恢復小孩子的單純之心，這份單純會在你接觸同樣的客戶時，仍能發現客戶的不同。如果你用發現的角度去面對所有人，你會天天都有新的發現；這就是所謂的關係不變，但對待的方式改變，就能產生不同的結果。

讓學習成為習慣

大家都希望有好的結果，但想要有好的結果，你必須：

1. 準備：包括自己的特性／本質，以及採納他人的建議。（見右圖）

2. 投入：你的時間、精力。

3. 努力：才有機會創造出成功的結果。

4. 付出：你的專業。

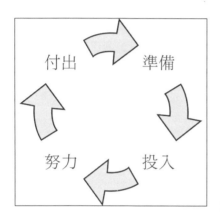

如果效果不彰，可能是你的準備、投入、努力、付出等四個環節中，有某個部分不足。要記得「成功為成功之母」，每個環節的成功，才能堆積實際成功的果實，而無數的小成功將能累積大成功。

學習需要發現、運用、熟練，進而成為習慣，運用自如，而且每階段還要更新精進！從太陽馬戲團的表演，你發現什麼、學到什麼，又有哪些需要不斷地熟練呢？

所謂藝高人膽大，當你熟練到任何動作都變成一種本能反應，與你合為一體時，你就能專注，也能展現你的自信。因為能力不是聽來、看來的，而是熟練而來的。

管語錄

一、假設恐懼對你一點幫助都沒有，那就無須恐懼了。

二、學小孩子單純的「我要」的心情去學習每件事吧！

三、想要有好的結果，你必須：1. 準備、2. 投入、3. 努力、4. 付出。

四、雖然關係不變，但對待的方式改變，你就會有新奇的發現，以及得到不一樣的結果。

五、能力不是聽來、看來的，而是熟練而來的。

發掘天賦，點燃熱情

世界上最幸福的人並不是中上億彩券的得獎者，也不是
含著金湯匙出生的第二代，而是找到並且發揮與生俱來
天賦的人。

　　我常說，人最可憐的一件事，莫過於不了解自己，不曉得
自己要什麼。但「了解自己」對絕大多數的人來說，都不是件
容易的事，不過我想要建議大家的是，最少請做到「了解自己
不想要什麼」。我們往前邁進要找到自己的興趣、專長、天
賦，唯有透過發揮自己的興趣、專長、天賦，才能讓自己發光
發熱。

　　今天我能成為一位協助學員以達成目標的金牌教練，源自
於我深深地清楚知道我不想要什麼，以及我了解我自己。一如
《這一生，你為何而來》一書所提到的：「發現自己的天賦，
你即可成為自己的主人。」

發揮天賦

　　1987年，我從輔仁大學資訊管理系畢業後，順理成章地進

入IBM software house IISI宏慧電腦公司上班，管理起冷冰冰的電腦機房；我的同學們也都陸續在資訊領域就業。

看起來，我這個決定並無不妥，但老實說，我還真不喜歡這份工作！不過我不做這份工作，又能做什麼呢？

我永遠記得，在1990年的夏天，我念台中一中的高中同學邀請我去參加他的卡內基學習課程的畢業典禮。

在那兒，我看到所有上課的同學不斷在做的一件事就是——鼓勵別人、讚美彼此……我突然想到，讚美、肯定別人不是我從小到大一直最擅長的事嗎？從小，我家開冰果店，加上我愛管閒事的個性，與人互動一直是我最擅長的事。

如果農夫是靠天吃飯，那麼當一個現代人，則要靠天賦吃飯，天賦就是做與生俱來、遊刃有餘且讓你樂此不疲的事。我心裡想，如果能靠鼓勵別人、讚美彼此來賺錢，那麼這就是最適合我的工作了。

第二天，我隨即辭職，並開啟我的金牌教練生涯。我在二十七歲時找到自己的天賦，也肯定了自己的天賦，並決定發揮這個與生俱來的天賦，而確定了未來我要走的路。現在，我每月往返台灣大陸兩岸，所做的事就是不斷地學東西、教東西、建立關係，目的就是希望「我的存在能使人喜樂」。

老師與教練的差別

　　我非常喜歡看NBA籃球比賽，我念大學時跟很多球迷一樣，著迷於芝加哥公牛隊的麥可‧喬丹；麥可‧喬丹同時也是NBA史上最偉大的球員之一。我跟麥可‧喬丹相差不到一歲，一樣都是屬兔，他的球衣是23號，我的一位好朋友戴承潱（David）甚至在他的行動電話中將我擺在23號，足見我對麥可‧喬丹的著迷，連我身邊的朋友都知道。

　　看籃球比賽帶給我很多人生的發現。在籃球比賽中，教練及球員給你的永遠是正面的激勵。而決定球賽勝負的關鍵往往是在下半場，人生就像籃球賽的下半場一樣，這時拚的是「耐力」及「智慧」，能拚過的就是贏家。我特別注意到麥可‧喬丹，這位天才型的球員是在NBA熬了七年才打到總冠軍的。

　　突破的關鍵點是麥可‧喬丹最後主動去找手上擁有冠軍戒指的教練菲爾‧傑克遜。一位金牌球員需要的是一位擁有冠軍戒指的金牌教練，所以我一出道時，即定位自己不是一位老師，而是一位教練。老師與教練之間的最大差別是，老師會「講」，但教練會「問」，而且學生無法抗拒回答。教練將一路陪伴、協助選手，直到選手奪取金牌。

　　我二十幾歲時，有一位長輩對我說：「小管，社會有四種人，一是強者、二是智者、三是弱者、四是愚者，最後這兩種人不太會走進教室學習，所以要成為前兩種人，這兩種人都是

可以創造機會的人。」

拿杯墊當名片

　　初生之犢不畏虎，我選擇台北知名的Pub——主婦之店成為我的「新辦公室」。由於位居台北東區熱鬧的商務辦公地區，想當然爾來店的消費者大都是附近的上班族。店內寫上我的名字及聯絡方式的Zee杯墊背面，就成為我特製的「名片」，而配合主婦之店的中餐、下午茶、晚餐、宵夜的上班時間，我擁有了辦公地點最佳、服務最好的客服人員。今日看來是非常有創意，但那時卻是什麼都沒有，不過這仍開始了我一對一教練的招生業務。

　　相信大家一定很好奇，我是如何展開招生的？當我看到目標對象時，我遠遠地對著對方露出彷彿認識般的朋友的微笑，而一般人碰到這種情況，大都會無意識地回頭看，此時我就立刻微笑移步過去。

　　「請問你是不是某某某……喔！你非常像我一位高中同學……可以跟你請教一張名片嗎？……對不起，我名片用完了，這是我的聯絡方式。」

　　「請問管先生是從事什麼行業？」

　　「我是一對一的Coach教練。」

　　「教什麼呢？」人都會產生好奇，我因而獲得進一步深談

的機會。「協助學員同時擁有健康、快樂、財富的圓滿人生……」

我常說，令人愉悅的笑容，通常是成功認識陌生朋友的好方法。每一天與人交換十張名片，可能其中就會有一個人感到好奇，而每十個好奇的人之中可能會有一人成為學生。這經驗也是告訴大家，人活著都有種本能去創造，千萬別讓你的本能睡著了。

捍衛自己的夢想

電影「當幸福來敲門」男主角威爾·史密斯問坐著高級轎車、出入現代辦公大樓上班的人，問：「怎樣可以像你們一樣？」對方回答：「只要精通數字，懂得做人即能當股票經紀人。」因為對成功的渴望，也因為精通數字及懂得做人是男主角的專長，所以即使他要面對的是六個月沒有薪水的實習，以及錄取率甚低的工作機會，即使他的妻子認為這是天方夜譚，叫他安分點，但他仍義無反顧地投入。

電影中，男主角的孩子練習打籃球時，夢想著未來自己也會是一位籃球頂尖高手，但急著去接洽業務的威爾·史密斯為了制止小孩，瞬間卻大聲回應他的兒子：「那是不可能的。」不過就在那當下，男主角同時也說：「如果你有夢想就要去捍衛它，千萬別被別人偷走，即使是我也不可以……」

　　相信很多從事業務工作的朋友或正在創業的人，看到這部片子都會被感動。關鍵在於你要去哪裡，而不在於你來自哪裡。所以如果你的過去及現在不是你想要的，那就先確定你要的是什麼。在某些時候，人生的逆境所帶來的痛苦也是一種祝福及禮物。

　　統一企業集團總裁高清愿十三歲時，就到布行當童工賺錢養母親；年過七十歲的高清愿，現已是年產值台幣一千五百億元、有三萬五千多名員工、四十多家關係企業的統一企業集團總裁。高清愿先生分享他一路走來成功的祕訣，他說：「貧窮教我惜福，成長教我感恩，責任教我無私的開創。」但更多人認為高清愿成功的祕訣在「做人成功」。

　　我認為，世界上最幸福的人並不是中上億彩券的得獎者，也不是含著金湯匙出生的第二代，而是找到並且發揮與生俱來天賦的人。我可以在二十七歲立定未來職涯的方向，是因為自我發現。所以我的Coach教學方式是希望透過引導學生，去自我發現、發掘天賦，進而協助學員激發潛能，燃起生命的蒼焰（Blue Flame）！

　　在日本料理店，你可以選擇店家搭配好的各式套餐，也可以坐在迴轉壽司的吧台看到喜歡的就取來吃，更有另一種是信任老闆的手藝，委託其量身訂做準備，來滿足自己的食慾。我覺得自己就像一位日本料理師父，「只要你信任我，我就能滿

足你由內至外的成長。」這就是金牌教練──管家賢。

管語錄

一、天賦就是做駕輕就熟、遊刃有餘以及樂此不疲的事。

二、一旦你相信自己最出色，你的表現就會是最好的。

三、人生的昨天是句號──。明天是問號──？只有今
天才是驚嘆號──！

四、人最可憐的一件事，莫過於不了解自己，不曉得自己
要什麼。

五、世界上最幸福的人，是找到並且發揮與生俱來天賦的
人。

Chapter 2 財富人生

如何追求「三財一生」？

請試著在每天起床前給自己五分鐘時間，善用自己與生俱來的想像力去強化你的執行計畫。

　　十八年來，在我累計諮詢、訓練超過一千六百多位學員的經驗中發現，大部分的人前來求助解答或諮商的問題，大都不脫離：

1. 個人身心靈的健康
2. 生活是否感覺到快樂
3. 工作有沒有賺到足夠的金錢

　　這三大範疇同時呼應在人生中所要扮演的角色，總括而論也離不開個人、生活及工作三種角色；這三者同時存在，看似各自獨立，卻又相互關聯。

　　而最大的挑戰在於如何「同時」擁有健康、快樂、金錢這三種財富，因為人一輩子99%的時間都在解決、面對這三大塊領域，而光處理這三種角色就須花上人一輩子的時間，這也就是我一直在協助學員們如何達到健康、快樂、金錢圓滿的「三財一生」。

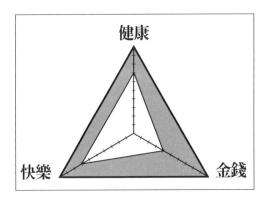

人生最重要的一件事

凡事都要從自覺開始，你知道你的人生現況嗎？邀請各位讀者跟我們一起做一個發現「三財一生」三角形遊戲：

1. 首先拿出一張A4白紙，畫上一個等邊三角形，三個角分別寫上健康、快樂、金錢。

2. 然後從三角形的中心點畫出三條到三個角的直線，將等邊三角形等分成三大塊；然後在三直線上畫出十個分格線。

3. 以1到10分，10分為滿分，愈接近外面的分數愈高，為現在自己的三個領域表現打上分數。接下來將三個分數的點連上線後從外塗滿，這就是你目前的人生三角形。

4. 將你所要追求三個領域的目標／分數做個標記，它與現在你所擁有的領域的差距，即是你目前及即將要努力的目標（反白斜線的部分）。

5. 請在三個角旁的空白處註明要達成你所要的目標，你需要做哪些事。例如：我想要更健康一點、需要固定每天運動三

十分鐘、靜坐十分鐘等，逐一填寫你覺得你可以做的事。

在這個「三財一生」練習遊戲中，你將有可能會發現：

1. 了解自己的現況：為自己的現況打分數，進而了解你的起跑點。

2. 檢視自己的期望值：透過畫出自己的目標及期望值，知道自己的「心」渴望。

3. 差距須加強什麼：斜線區域即是自己現況及期望的差距，要做些什麼才能拉近差距呢？這也是即將要面臨的挑戰。

4. 問題與解答：挑最難的地方強化它，並找出自己覺得最困難的事去進行。

5. 寫出不做的原因：立刻為自己找到達成目標最大的三大障礙以及藉口。

6. 找出你的優先順序：項目要對，順序也要對，才有助你逐一完成目標。

7. 了解自己目前花多少時間在這三大領域？目前花多少時間在拉近差距？你的想法是你的做法嗎？你唯一要做的是選擇，因為要捨才會有得。

牢記自己的優勢

透過「三財一生」的練習遊戲，大部分的人應都會拿到一個「不等邊的三角形」，有人財富突出，有人樂觀快樂，有人

覺得健康有待加強;每個人為了要「勾勒」出自己人生的等邊
三角形而規劃出辦法,這項練習遊戲將有助你清晰地檢視自己
的人生。這個發現的過程,讓很多朋友用很簡單的方式,了
解、認清自己的現況,以及設定自己的期望。藉由填滿當中的
差距,找出自己的人生解決方案。所以這個練習遊戲沒有標準
答案,因為每個人都是獨一無二的個體,每個人也都有屬於自
己的人生三角形要描繪。

　　人的一生彷彿在追求健康、快樂及金錢的三角形,要塗滿
人生三角形的面積愈大,人愈要謙卑及慈悲才行。從不等邊的
三角形(現況)中你會發現你的利基,意即你的優勢,有人是
財富,有人是健康,有人是快樂,請一定要記住,你的優勢就
是你未來發展「三財一生」等邊三角形的最大跳板。

是工具,而非目的

　　我要提醒讀者的是,健康、快樂、金錢這三種財富是人活
著的工具,而非目的,這三者就像你生命的三大支撐點,如果
有某一個支撐點倒了或扭曲了,那你的人生也可能畫上逗號暫
停,甚至直接畫上句點。

　　我做過一個調查:沒有人會為了金錢願意賠掉性命,健康
會補強你的快樂及金錢,若氣色好、笑容多會更有說服力,所
以健康是最重要的支撐點。

　　若以大自然中的大樹來比喻，健康是根、快樂是枝葉，而金錢是果實，果實是向下扎根以及枝葉繁盛必有的結果，所以請你先專注在如何健康及快樂的議題上，重新排列這三種人生工具的優先次序。

想像力強化執行力

　　執行計畫能落實的關鍵，是要常常去做強化。當你沒有藉口時就有執行力，就會有執行計畫，但有時需要有點想像力，試著在每天起床前給自己五分鐘時間，善用自己與生俱來的想像力去強化你的執行計畫，例如：想像你的人生工具——健康，因為良好的健康習慣，擴大正面去影響、支撐快樂及金錢。

　　愛因斯坦說：人類沒有一個重要發明是透過理性，都是感性所致。只是要把感性放在正面的事情上，想像力用在對的方向，努力會更有焦點，更會讓計畫產生吸引力。身體的運作系統是互相關聯的，想像力不只是腦袋的層面，更是心的層面，所以要學習的不只是有錢的腦袋，還要有智慧的心。

　　人一生中要搞定個人、生活及工作三種角色，落實到人生健康、快樂、金錢這三種工具，就要：

　　1. 鍛鍊個人身心健康

　　2. 生活快樂一點

3.認真工作賺錢

健康 ≧ 快樂 ≧ 金錢，大部分的人一出生通常就擁有與生俱來的健康，一旦有了人生存摺的第一個1，你所需注意的只是你存款的速度是不是大於支領的速度，不論是在健康或快樂上。

我常說，與客戶互動如果不順，往往不是談話內容，而是談話的情境，例如如果精神飽滿、笑容滿面，那帶給對方正面的能量，客戶就能感受你想傳達的情境，因為錢也有錢性，錢喜歡熱鬧、喜悅、機會，不喜歡寂寞，若將這個概念轉換成你帶給別人的感覺，錢就自然隨之而來。

擺脫負面經驗

你的「三財一生」三角形若是某一項分數不夠高，一定是不夠聚焦，或是沒有抓到重點。例如：是否對金錢有錯誤的經驗及論斷。所以要先學會放下負面的銘印，例如不愉快的使用金錢經驗，以及對金錢似是而非的論斷等，就像電腦要有防毒軟體，正確的想法讓你更有效率，並隔絕妨礙你進步的阻礙，找對重點後再運用在心上，例如有錢的好處 ＝ 快樂、圓夢、助人、做喜歡的事、玩樂、青春、開心等，先有這種想法，再開始去獲取金錢，就會比較容易有你想要的結果（金錢）。

若你的「三財一生」離你想要的目標有段距離，那表示你

成長空間夠大，所以可發揮的範圍也夠大。建議你用已經富有的心境去過每一天，你就會獲得實質的富有。

所謂仁者無敵，「仁」字拆解開來，就是真實的現況及期望的自己兩個人，如果兩個人不再互相對抗，即能無敵！所以自己就是自己最好的朋友，先幫助自己，世界才會幫你。

自己跟自己打架即是內耗，對你的未來一點幫助都沒有！當你沒有找到焦點時，你就很容易被影響，而「三財一生」就像是你人生的地基，建議讀者要謹慎地面對自己的人生三大工具——健康、快樂、金錢。

管語錄

1. 人一輩子99%的時間都在解決及面對健康、快樂、金錢三大領域。
2. 健康、快樂、金錢這三種財富是人活著的工具，而非目的。
3. 與客戶互動若不順，往往不是談話內容，而是談話的情境。
4. 自己是自己最好的朋友，先幫助自己，世界才會幫你。
5. 「三財一生」的練習遊戲沒有標準答案，因為每個人都是獨一無二的個體，每個人也都有屬於自己的人生三角形要描繪。

大多數人都誤解健康？

絕大多數人對於健康都有非常深的誤解，認為沒有生病就是健康，認為只要身體健康，就等於是全部的健康。

　　我曾經在一場演講中，聽到講師談到人生有三歷：少年拚學歷（學歷要高）、中年拚經歷（經歷要豐）、老年拚病歷（病歷要少），不知道讀者你現在是在拚哪一個階段？

失去健康，失去一切

　　有一件事是可以確定的，如果沒有大的變數，總有一天，每個人肯定都會拚病歷的。為什麼我一開始會提到這樣的比喻呢？因為健康實在是太重要了！你到任何一家醫院，去請教任何一位躺在病床上的病人，問他：

　　1. 健康

　　2. 快樂

　　3. 金錢

　　哪一個最重要？我相信他們給你的答案都是一樣的，健康絕對是他們唯一的選擇。所以，只有健康是 1，其他都是0，

少了這個 1，其他的也就都失去了意義。我想要告訴讀者的是，健康是你唯一的選擇，也是你最重要的選擇；有了健康，其餘的可以慢慢談，若失去了健康，其餘的也就不用談了。

針對健康，我們應先了解所謂「健康」的定義。綜觀而論，我認為絕大多數人對於健康都有非常深的誤解，認為沒有生病就是健康，認為只要身體健康，就等於是全部的健康。事實上，一個人真正的健康，是一項終身學習及練習的工程。我把健康分為身、心、靈三個層面來討論：

平日的保養

身體上：古人有云：「身體髮膚，受之父母，不敢毀傷，孝之始也。」除了不敢毀傷之外，還要懂得積極的保護。我們的身體，如果比喻成電腦，就是電腦的硬體，下一段提到的心智，就是電腦的軟體，再好的軟體，一旦硬體壞掉，也不能發揮作用。這個比喻與汽車是相同的，再好的操控技術，如果車子故障，作用也不大。

所以，身體絕對不能等到生病了再來治療，就像電腦壞了再修，車子壞了再換零件，亡羊補牢，通常對事情的進展變得事倍功半，效率變低，所以平常就要懂得保養。

這幾年養生的飲食、養生的運動、養生的居住環境大行其道，原因就在於，人們終於覺醒，除了預防勝於治療外，養生

比拚命工作還要重要。請問讀者，你怎麼養生？你的飲食、作息、運動有沒有做適當的整體安排？因為這些都關係到你的硬體，也就是你寶貴的身體。

自我充實

心智上：心智是屬於大腦層面的修煉，我曾經聽過一句話：「寧可口袋空空，也不要腦袋空空。」記得小時候，爸爸媽媽總是不斷要求我，要把書念好。當時我就覺得很奇怪，比起念書，到田裡玩、到河邊游泳，不是更好？幹嘛一定要把書念好呢？還好當時年紀小，莫名其妙就養成喜歡看書的習慣，等進入到社會，這個習慣依然保有。有錢的時候把書買回家看，沒錢的時候就到書店看書，長久下來，或多或少，對自己的思想、眼界與格局，無形中打下了深厚的基礎。

後來才發現，每次上台演講、上廣播電台或是授課的時候，所學過的東西，有時候會從嘴巴裡跳出來，那種感覺很奇妙，但是非常棒！雖然我的父母只有小學畢業的學歷，卻正向且持續地影響我與兄姐在學習上的成長。這種心智上的提升所帶來的喜悅，對於我有一輩子深遠的影響。原來，自我充實是向前衝的一個非常重要的基礎。

心靈與物質的平衡

靈性上：讀者是否曾經感受過，心靈上的空虛所帶來的一種不舒服的感覺？甚至懷疑到底自己存在的價值何在？人生到底活著為什麼？這些不確定感，是看不見的，但絕對會影響到一個人的情緒，甚至行為。

在現代社會上，當我們汲汲營營的時候，當我們只想到自己的欲望、需求或物質滿足時，相對的，心靈上的問題，往往就會出來提醒自己，物質與靈性是否平衡？所以我常常在課堂上提醒自己與學生，人要在物質與靈性之間取得一個平衡，才會是一個真正健康的人。試問讀者，你感覺到你的物質需求與靈性的提升，是否同樣精進呢？

養成健康的習慣

整體上，只有讓身、心、靈同時和諧的運作，才能讓整個人處在最佳狀態，通常這樣的人，也才會有最佳的表現。無論是在工作績效上，或是生活品質上，都會有滿意的結果，相信這也是絕大多數人，所重視、所要追求的。奇妙的是，一個人要獲得整體上的健康，需要由內心深處深刻感受到健康是與生俱來的權利，這是無法透過別人給予的。一個人是否真正的健康，完全是要靠自己，無法依賴別人。

　　既然健康如此重要，養成健康的習慣就是關鍵。曾經聽過一句話：「命好不如習慣好。」以下分享三個協助建立健康習慣的好辦法：

　　1. 與良師益友為伴：影響一個人一輩子最深遠的，除了父母、原生家庭之外，師長與朋友就是關鍵了。有了學習、模仿的好榜樣，也是一個人一輩子無價的財富。所謂近朱者赤，近墨者黑，養成主動接近良師益友的好習慣絕對是事半功倍。

　　2. 視覺化提醒：一個人如果要健康，在心中一定要有健康的形象。在視覺上，一定要有健康的榜樣。做一個有趣的比喻，牆上掛著一隻大象，很難想像自己苗條的模樣，盡可能找到一張自己所欣賞的照片或海報，天天提醒自己，我一定會成為那個樣子。這個方法，看似愚蠢，但的確有效，不妨做做看。

　　3. 檢查行事曆：我常提醒自己及學員的，健康不是「知道」，而是要「做到」。如何確定是否做到？檢查每天的行事曆是再真實不過了，這個部分是騙不了人的，對自己誠實，就是改變的開始。忠於自己每天該做的每件事情，千萬不要見異思遷，三心二意，否則就容易前功盡棄，自己破自己的功，何苦呢！

　　行動固然重要，行動的品質更重要。如何檢視自己的行動品質？這來自於反省。中國字非常有智慧，「省」這個字拆開

來，就是少、目二字。目不見了，就是要用心。每隔一段時間，捫心自問，為了能夠獲得健康，自己到底做了哪些正確的事情，而不只是知道哪些道理。我想要告訴讀者的是，當你看完這篇文章，做你該做的事，健康才是你的。最後，祝你身體健康，心情愉快，靈性提升，成為一個均衡健康的現代人。

管語錄

一、健康是你唯一的選擇，也是你最重要的選擇。

二、一個人真正的健康，是一項終身學習及練習的工程。

三、命好不如習慣好。

四、一個人是否真正的健康，完全是要靠自己，無法依賴別人。

五、健康不是「知道」，而是要「做到」。

快樂需要「練習」

全世界最優秀的公司都在找以下這種人才：能夠帶給別人熱情、懂得與人溝通、又能讓周遭的人學到東西的人。

　　到底快樂是什麼？是賺到一筆錢，還是買到一樣東西，還是得到肯定……每個人的定義不同。我個人的定義是：快樂是自己的選擇，只要你選擇以下三個F：Focus、Feeling、Fun，你就能輕鬆擁有。

　　1.Focus焦點明確：你有沒有這樣的經驗，當你專注看書，用心去傾聽一首歌，或欣賞一幅畫，因為你有清楚的焦點，所以你自然就會產生快樂的感覺。事實上，快樂是需要經過練習的，一個煩躁的人很難享受到快樂的樂趣，因為他失去了焦點。再舉例，在熱戀中的情侶會非比尋常的快樂，因為彼此全部的注意力都投注在對方的身上。

最傑出的表現

　　《快樂‧從心開始》這本書的作者──美國芝加哥大學心

理學教授契克森・米哈賴，曾探索過為什麼有些人的表現會超乎常人的好，不論在音樂界、運動界、藝術界或商業界的傑出人士，他探索出這些人都有共同的現象就是「Flow」，中文稱其為「心流」，意即內心順暢，不受環境的影響。

　　契克森・米哈賴教授有個很深刻的發現，當一個人具備能力，同時又願意接受挑戰時，通常會有最好的表現。樂在工作大致上也是這個意思，同樣的工作有人會覺得壓力沈重，有人會認為樂趣無窮。差異不在工作的本身，而是投入工作的人：他是否全心投入、全力以赴、全神貫注？

練習專注，感受快樂

　　請問讀者，你樂在工作嗎？「不要問工作能給我什麼，而是要問我能為工作注入些什麼。」只要你將注意力放在「我能為工作注入些什麼」，相信你很快就會找到如何快樂的答案！

　　讀者可以從現在就開始練習專注，並欣賞在你生活中所擁有的每一項人事物，我相信你就會愈來愈快樂。

　　2.Feeling：大多數人都聽過一首英文歌「Feeling」，這首歌的歌詞中有段「Nothing more than feeling」，言下之意就是沒有什麼比感覺更重要！感覺對，就類似快樂；感覺不對，就類似不快樂。

感覺真的很重要

感覺到底重不重要？只要讀者去做個市調，相信絕大多數人都會告訴你：「感覺真的很重要！」如果讀者是從事業務工作，切記以下與客戶互動的四種感覺：

1. 視覺愉悅感
2. 成熟信任感
3. 迫切需求感
4. 無形親切感

我深入剖析如下：

為何與客戶互動時，視覺愉悅感會擺在第一位呢？因為任何人不會先了解你是誰，但是會先看到你這個人。了解需要長時間交往，但看到你只要一剎那，所以一剎那重不重要？我做個比喻，各大公司為何擲大錢找明星來代言，這些公司都在創造視覺的愉悅感。

不過不是每一位讀者都是明星，但至少看起來乾乾淨淨、舒舒服服，就可以給人輕鬆、愉悅的感覺。

如果視覺愉悅感是創造「乍見之歡」，那麼成熟信任感就是「相見恨晚」。讀者一定有這種經驗，認識某人後，突然有「早知道找他就好了！」「我怎麼現在才認識他！」之所以會有這種感覺，是對方值得你信任。

如何創造信任感？

如何創造信任感？有三種基本技巧：

1. 言行一致

2. 用心傾聽

3. 能為別人多做一點、多想一點、多給一點

這與學經歷、背景無關，因為感覺就是感覺，感覺是不會騙人的。提醒讀者的是，信任感是需要練習，也需要累積的。

所謂的創造迫切需求感，就是有沒有把最好的一面表現出來，並且做到最好。一棵樹需要陽光、空氣、水，人與樹亦相同，絕大多數人都是需要熱情、順暢溝通以及渴望學到東西。言下之意，就是成為能夠帶給別人熱情、懂得與人溝通、又能讓周遭的人學到東西，其實全世界最優秀的公司都在找這種人才。

創造愉悅感

親切感不是讓對方知道，而是讓對方感覺到，它無須大聲疾呼，而是處處貼心。讀者若住過五星級飯店，從進入飯店到入住房間，不管是大廳或房間設備的燈光擺設，這些貼切的服務都無聲地表達出對客戶無微不至，而且細膩的呵護感。所以提醒你，客戶不僅會聽到你說什麼，還會看到你做什麼，客戶

不只買產品也是在購買服務。創造與人互動的視覺愉悅感、成熟信任感、迫切需求感、無形親切感這四種感覺，我用得很熟練，對我受益無窮！您呢？如果與人相處能帶給別人幸福，自己又快樂，何樂而不為呢？

3. 快樂需要Fun：生活要充滿樂趣，就要懂得自得其樂、與君同樂、助人最樂。一個人要懂得自得其樂就是要培養些興趣，興趣包含層面很廣，舉凡聽音樂、閱讀、接觸大自然皆是。我常講，找到自己興趣的人會快樂一輩子！我很慶幸自己很喜歡閱讀、買書。閱讀變成我的興趣，同時也是我的工作及事業。閱讀對我來說，真的是一件很快樂的事。

古人云：「酒逢知己千杯少，三生有幸覓知音。」指的是有沒有找到擁有共同興趣，能「與君同樂」的朋友，因為找到同好容易產生共鳴，人往往就不會覺得疲累。讀者是否曾在旅程中與同好聊天，覺得時間過得特別快，同時又不覺得累。這是為什麼呢？因為找到了同好，彼此產生共鳴的緣故。

《人生一定要有的8個朋友》一書中作者湯姆・雷斯（Tom Rath）提到，擁有好朋友的人，全力投入工作的可能性是一般人的七倍，意即在工作中若遇到同好，不僅工作會更快樂，工作績效更會成長七倍。這種投資真的很划算！

愈分享，愈快樂

　　要想擁有更多、更大的快樂，那就要幫助更多人，因為「助人最樂」。我是國際扶輪社的會員，並接任2007—2008國際扶輪台北健康社社長；2007—2008國際扶輪總社社長魏京森曾在2007年度宣言提到，「如果我們全世界一百二十萬名社員存在有一種共通之處，那便是我們願意分享。」你一定聽過伍思凱的一首歌：「與你分享的快樂，勝過獨自擁有。」

　　我回想加入扶輪社時，一開始總覺得飯局不斷，後來我才發現，扶輪的精神是「超我」服務（Service above self）！在扶輪社裡有一種特殊的文化——「服務愈多，收穫愈大」，服務就是助人最具體的做法。以我為例，當了社長要服務的人、服務的事更多，這時，我才漸漸了解為何要加入國際扶輪社，因為透過服務來幫助人是最快樂的一件事。

管語錄

1. 快樂需要經過練習，一個煩躁的人很難享受到快樂的樂趣，因為他失去了焦點。

2. 當一個人具備能力，同時又願意接受挑戰時，通常會有最好的表現。

3. 要想擁有更多、更大的快樂，那就要幫助更多人，因為「助人最樂」。

4. 生活要充滿樂趣，就要懂得自得其樂、與君同樂、助人最樂。

5. 能找到同好，就能彼此產生共鳴。

金錢不會從天上掉下來

樂在工作的人很容易賺到錢，做一行怨一行的人很難賺
到錢。

　　要想獲致財富，首先必須要有正確的金錢觀，我個人對金
錢的觀念是「金錢是做正確的事所獲得必然的結果」。《不被
工作困住的100個方法》書中作者莎麗‧哈葛姿黑德（Sally
Hogshead）提到，「升官發財只是傑出職涯的副產品。」那什
麼是真正的產品呢？「讓顧客滿意」：只要把焦點放對了，錢
財自然會來！我常說金錢是你提供服務後必然的結果，所以重
點不在金錢的多寡，而在於你能提供什麼樣的服務給你的客
戶。

與人應對的祕訣

　　過去我們常說「助人為快樂之本」，我認為應提升為「助
人為達成目標之本」，如此你就會發現你現在面對的每個人都
將是協助你達成目標的人。你要改變的不是別人，而是你怎麼
樣去對待別人。

　　與人應對的關鍵在於你是否善於溝通。依我個人多年經驗，擅長溝通的人通常會熟練以下六個技巧：

1. 欣賞
2. 讚美
3. 肯定
4. 請問
5. 傾聽
6. 專注

深入剖析如下：

　　1. 欣賞：善於溝通者的第一個技巧是「欣賞」，因為懂得欣賞客戶，客戶才會注意你。簡而言之，引起客戶注意最佳的方式，就是欣賞你的客戶，至於說要如何欣賞，最簡單的方式就是投射出善意的眼神，看見客戶彷彿看到一幅美麗的畫，這要經過刻意的練習，但常常有學生問我這樣會不會太虛偽？我笑著說，眼神瞄來瞄去不集中，才叫虛偽！

　　2. 讚美：讚美是全天下投資最少、報酬率最高的一種語言。讀者有沒有被讚美到飄飄欲仙，然後自動掏錢買東西的經驗？為什麼？只因為被讚美。讚美一個人有很多方法，最簡單的方式是欣賞對方的優點、請教對方的優點，就是讚美對方最貼切的方式。舉例來說，遇到老闆，請教他生意做得這麼成功的祕訣；遇到當媽媽的人，請教她是如何教育小孩的；遇到長

輩，請教他豐富的人生閱歷；遇到晚輩，請教他為什麼充滿那麼多的活力。總而言之，猶太人說過：「不會笑不要開店、不懂得讚美不要說話、不會說故事不要銷售！」

3. 肯定：與人相處多一點行動上的支持，少一點言語上的諷刺。有了讚美後，接下來就要在行動上表現出對對方的支持，這就是肯定。接續上一段有關「讚美」的舉例，對於老闆請教他成功的生意經驗後，下次再見面，就要送他企業經營成功的書籍、雜誌或電子檔；與當媽媽的人聊完天後，下一次就幫她蒐集有關教養孩子的資訊，另外再花點小錢買些孩子用的貼心禮品；對於長輩，下一次再見到面可以送給他一本傳記、一本日記或是一部老電影DVD讓他回味無窮；遇到有活力的晚輩，了解其活動嗜好，主動邀請其共同參與。

以上這些都是用行動表示對對方的肯定，沒有什麼大學問，重點在於如何把每一位接觸的人都當成你的顧客。其實贏得顧客的忠誠並不一定要花大錢，通常是一連串的貼心和用心，這就是對顧客極大的肯定。

4. 請問：請問是最好的表達。請問不是詢問，也不是逼問，真正的請問在態度上是誠懇的、語氣上是謙虛的，如果有一個人以學習的態度與委婉的語氣請問你，相信你也很難拒絕回答吧！與人相處表達需要口才，請問則需要智慧；口才是言之有物，發問則是真心想要了解對方，哪一個比較有說服力？

一般人都會認為是口才，其實真正奏效的往往是後者。

　　我常說，了解自己會帶來力量，了解別人會帶來機會。發問是絕大多數人最需要練習的，但也是最欠缺的技巧。想要學會發問，有人教最快，自己摸索最慢。祝福你找到一位可以教你請問技巧的教練。

　　5. 傾聽：關於傾聽，我的口頭禪是：「傾聽是一項美德，一語驚醒夢中人是一件功德！」為什麼傾聽是一項美德？因為人有表達欲望及被了解的需要，我常提醒學生，顧客講話的聲音就是鈔票的聲音！為什麼？因為當顧客講話時，你才會真正知道顧客的需要在哪裡。我真的很難想像，如果沒有傾聽顧客的需求，那要如何去滿足顧客的需要？而傾聽的祕訣就是把心門打開，耐心地聽，聽出顧客心中的疑惑，幫他解惑；聽出顧客擔心的問題，幫他解決問題。一旦顧客的疑惑及問題被你了解及解決，結果會是什麼？你幫助了客戶，客戶才會回過頭來幫助你。

　　6. 專注：在p54〈快樂需要「練習」〉一文中，我提到快樂的第一個方法是Focus！同樣的，當你認真、專注地幫助客戶解決問題，而把能夠賺到多少錢都放在一邊，這種感覺，客戶會比你先知道。我再三提到「與人相處，感覺對，做什麼都無所謂；感覺不對，接下來有可能都是誤會。」這段話，你聽得很熟練嗎？工作是否能夠既開心又快樂，同時又能賺到錢，

完全決定在於你是否有健康的心態，專注地想盡辦法去幫客戶解決問題。

賺錢的關鍵

再次強調金錢絕對不會從天上掉下來，金錢是做正確的事所自然產生的結果。樂在工作的人很容易賺到錢，做一行怨一行的人很難賺到錢。雖然行行出狀元，絕大多數人還是沒有賺到他覺得滿意、足夠的錢，其實這不是他所選擇的行業造成的，關鍵在於是否做一行像一行，還是做一行怨一行。

請讀者找一張美元鈔票，把美元鈔票的背面翻過來仔細看，你會看到一行字「IN GOD WE TRUST.」，我的解讀是「在上帝面前，我們彼此信任。」賺到客戶的錢其實就是贏得客戶的信任所導致的必然結果。到底金錢的本色是什麼？你喜歡美金嗎？相信你會找到自己的答案！

管語錄

一、善於溝通是通往財富的必經之路，不善於溝通，很難
　　聚集財富。

二、引起客戶注意最佳的方式，就是欣賞你的客戶。

三、讚美最簡單的方式是欣賞對方的優點、請教對方的優
　　點。

四、了解自己會帶來力量，了解別人會帶來機會。

五、顧客講話的聲音就是鈔票的聲音。

心靈維他命

請你想像，如果每天六點起床，打開手機，就有一封充滿能量的簡訊開啟你一天的生活，那是什麼樣的感覺？

四、五〇年代，人們見面總是以「吃飽沒？」為招呼語，那是個多數人只求溫飽、平安就是幸福的時代；而現代人見面，問的卻是「最近好不好？」

現代人要求吃要吃得健康、喝要喝得乾淨，但我們往往會忽略我們所看，以及所想的。其實一個完整性的健康，除了身體的機能外，心靈上的圓滿富足也相當重要，但卻是健康上最常被忽略的一環。

開啟一天的生活

現代人吃的問題容易解決，反而「看」的問題，比吃的還嚴重。資訊爆炸、各種形態的媒體暴力充斥在我們的靈魂之窗前。如果補充身體營養有維他命A、 B、 C及綜合維他命，那心靈部分要如何補呢？

相信讀者都吃過一顆一顆的維他命，但一定沒有看過「心

靈維他命」。請你想像，如果每天六點起床，打開手機，就有一封充滿能量的簡訊開啟你一天的生活，那是什麼樣的感覺？例如一大早就看到「人生最貴的成本是浪費時間，最便宜的投資是樂在學習，祝福你做個樂在學習的投資人。」「了解自己會帶來力量、了解他人會帶來機會、了解世界會帶來希望，祝福你做個了解生命的人。」「想像力可以造夢、行動力可以圓夢，祝福你擁有想像力、落實行動力。」相信這些都能讓你情緒高昂，做事更積極、有效率。

如同帶一本隨身的小手冊或筆記本，隨時記錄或翻閱精采、扼要的鼓勵字句，就像時時刻刻提醒你為你的健康、快樂、金錢不斷累積，這就如同身邊隨時有個貼身教練訓練你一般，那麼肯定你一定會今天比昨天好，下一刻比現在更好！

小手冊，大能量

1999年，從我第一次使用PDA個人數位工具開始，只要是在諮詢、演講、上課、閱讀、看電影，甚至是睡覺前在腦中忽閃一現的靈感，我養成隨手輸入在PDA的習慣。經過八年的時間，我前後換了四台PDA，不可思議地已經累積了四千六百多句名言，平均每兩天就會產生三句。

這些在生活裡隨手寫的字句，後來竟然成為我演講前非常重要的資料來源，也成為我非常獨特的「管式」資料庫。舉例

來說，只要我想講有關「學習」的主題，我就能在我的PDA記事裡搜尋到大約112組與學習相關的句子，例如「一個人最貴的成本是浪費時間，最便宜的投資是樂在學習。」「人要學習就要拜三種師，拜經典為師、拜智者為師、拜自然為師。」再舉例，若我想找有關「人生」的句子，就有「人生在世論斷容易，判斷難。」「把人生當作探索，一路上都是收穫；把人生當作枷鎖，全身都是傷口。」等120組；若找「能量」，則有「人在持續提升能量時會遇對人，在充分發揮能力時會做對事。」與人互動要熟練，由內而外給人三種好感覺：「1.能量高、2.溫暖夠、3.熱情多。」

　　這些精簡又涵意深遠的字句隨身提醒我，在授課演講時也同時啟發很多朋友。經過我精心逐字整理後，而有後來為人所知的「管子曰」及「管語錄」名言。

與人分享勝過獨自擁有

　　基於對人有幫助、對自己有益的情況下，2006年我開始整理，並從中挑出101組字句集結印刷成筆記書，期望透過這本擁有101句《管語錄》小手冊的出版，讓好學的人攜帶方便，並隨時學習，隨時被提醒。只要有任何一句能啟發到持有這本手冊的人，這就達到我出版的最大目的。

　　與別人分享的快樂勝過獨自擁有，如果能夠幫助到別人，

那就是我最快樂的一件事情。

　　在課堂上，我常請聽課的學生如果聽到重點，可以將重點或心得寫在《管語錄》上，就像自己的日記或心得分享一樣，我期待每位學員都能創造屬於自己的生活座右銘。只要你常常練習、常常思考，就像我常提醒的，學習的過程需要發現、運用、熟練，那麼就會收到內化成自己想法的效益。

小簡訊，大鼓勵

　　行動電話簡訊服務的發明，讓訊息的傳達更即時，加上現在幾乎人手一支行動電話，善用簡訊服務可以讓你非常輕鬆的，就能讓你的客戶感受到你如影隨形的服務。

　　為了讓學員無時無刻感受到教練的存在與提醒，只要一想到可以幫助我學員的訊息，我會立即透過簡訊與我的學員互動。某一天，我的行動電話響起，原來是一位學員收到我的簡訊後，那一天有很不一樣的心情，感覺特別有能量，加上他長期聽我身體力行地鼓勵大家早起做運動，以儲備一天的能量，所以也開始了早起的計畫。

　　我常說學習要拜三種師：

1. 拜自然為師

2. 拜經典為師

3. 拜智者為師

　　其中大自然日出、日落的規律運作，人配合自然作息，培養早起習慣已被很多成功者驗證是有諸多好處的。這件事因此帶給我靈感，如果我每天一大早提供一封簡訊給學員，簡訊裡是很有能量的字句，那應該會對學員很有幫助，於是我在2007年3月開始重新整理《管語錄》，挑出能鼓勵學員的字句，開始提供「早起鳥兒——能量簡訊」這項特別的服務給予我的學員。如此創新的服務是台灣前所未有的。其實只要善用數位科技工具，學習資訊唾手可得。

　　不論是每天早上六點固定傳送到手機的能量簡訊，或讓學員隨身攜帶在身上的《管語錄》小手冊，這些就像在你的心靈上注入營養的維他命，我稱之為「心靈維他命」。有心病可治心病，無心病可養身心，讓你更有能量去面對挑戰。

管語錄

一、帶一本隨身的小手冊或筆記本，隨時記錄或翻閱精采、扼要的鼓勵字句。

二、在生活裡隨手寫的字句，竟成為我演講前重要的資料來源，也成為我獨特的「管式」資料庫。

三、與別人分享的快樂勝過獨自擁有，如果能夠幫助到別人，那就是我最快樂的一件事情。

四、學習的過程需要發現、學習、運用、熟練，那麼就會收到內化成自己想法的效益。

五、只要善用數位科技工具，學習資訊唾手可得。

受益一輩子的七個好習慣

絕大多數的人都想要名與利，但名利雙收是「果」，除非身心健康，關係又良好，否則名利雙收只是一種奢求與幻想。

　　人要健康與樹要茂盛，它的本質、道理是相同的。

　　在一對一諮詢學員的過程中，我常用檢視大自然中樹的成長狀況來進行對話，因為人的生活成長狀況就像大自然中樹的成長一樣，健康是根，快樂是枝葉，而金錢是果實。想要知道一個人的健康現況，只要透過他的身心狀況、生活及工作即可了解，就像樹醫生透過觀察一棵樹的根部、枝葉及結果情況來判定樹的健康狀況一樣。

虛心才能吸收

　　虛心學習就像是培養種子，一個人只要肯虛心學習，能量就會提升，如同種子經過灌溉而開始萌芽、茁壯。以學習為例，有人上完課一點就通，但有人仍舊是老樣子，原因是他在走進教室前，他的身心健康狀況就決定他的學習效果了。一個

人如果快樂，那麼就如同樹向上延伸成長，學習成效自然良好，至於一般人所渴望的名利雙收則類似樹成長後擁有的開花結果。

　　其實絕大多數的人都想要名與利，但名利雙收是「果」，除非身心健康，關係又良好，如同樹的「根扎得深」與「枝葉茂盛」，否則名利雙收只是一種奢求與幻想。

人的健康	=	樹的成長
虛心學習	=	培養種子
身心健康	=	向下扎根
快樂關係	=	向上延伸
名利雙收	=	開花結果

　　台灣有句諺語，「樹頭若站得穩，不怕樹頂刮颱風」，意思是指與其說是被環境打敗，不如說是被自己擊垮。希望讀者不論看到哪一種樹，都能想起我對你的提醒。

　　我曾經遇過一位很有錢的學生，但是他的學習態度很不好，因為他直接拿出現有的「果實」來，告訴我他已經擁有全部了，我還能教他什麼？驕傲讓他抗拒學習及成長，而一個人一旦開始抗拒學習與成長，那麼他生命的養分就會不斷流失，只是自己並不知道。試想當一棵樹的根不再向下扎根、枝葉不

再向上提升，那這棵樹未來會是什麼樣子？您認同嗎？其實一個人只有願意把心門完全打開，才能吸收所有的養分與能量。

強化自己，接受挑戰

　　十多年來，每當我與學員諮詢時，我常舉《全品質經理人》書中的一個例子來與學員做互動。我問學員們，用一塊石頭丟向一片玻璃，為什麼玻璃會碎掉？有學員說因為石頭太硬，也有學員說因為玻璃是易碎品，這兩種答案都對。

　　接下來我又問學員們，有沒有一種玻璃是不容易碎的？這個問題，我相信很多人都會回答：「有啊！防彈玻璃。」所以玻璃大致可分為兩種，一種是易碎玻璃，一種是強化防彈玻璃；那麼如果將心比喻成玻璃，我最後會問學員：你的心是易碎玻璃，還是強化防彈玻璃呢？

　　在與學員互動的經驗裡，舉例或比喻往往勝過講道理。我一再的問學員，你要選擇鍛鍊自己成為防彈玻璃，還是隨便過日子，到處怪罪環境，甚至不斷埋怨石頭比自己硬？這裡所指的「石頭」可能是工作不順、錢財損失、被人背叛或景氣真的不好等等。

　　石頭有大顆、小顆，大顆的譬如發生重大意外，小顆的譬如一件雞毛蒜皮的小事。但重點不在石頭的大小以及發生的時間、地點，因為那完全不是我們所能預測，我們要學習的是讓

自己更完備，更能接受各種挑戰。

成功的起點

　　我常常提到，藉口的終點就是成功的起點。當一個人怪罪環境時，就等於是承認自己是易碎的「玻璃」。怪罪環境是沒有用的，我們應該反求諸己，而要求自己的不只是身體健康，還有心智健康。

　　我們也不得不承認，現實環境的變化如同石頭般，愈來愈大顆、愈來愈競爭、挑戰也愈來愈多，即使一個懂得鍛鍊自己的人，內心依然會有恐懼的存在，但我們無須恐懼，因為恐懼對最後的結果並沒有任何幫助。

　　另外，我要特別提醒讀者，我們生命的重點不在石頭，而是玻璃。如何強化我們自身這面玻璃，這並非一蹴可幾。以我個人多年的經驗，身心健康是要每天修鍊的，在此與讀者分享我每日必做的七件事：

　　1. 早起：對很多讀者來說，也許會覺得很難，其實一點也不難。只要你相信早起一小時能抵得過晚上熬夜三小時，那就值得你去嘗試。習慣的養成除了要靠意志力，還要看你認為這個習慣值不值得。如果你相信早起是值得的，你自然就會提醒自己，並持之以恆。

運動帶來好創意

2.持續的運動：所有的運動挑戰都在於持續。雖然大家都知道運動很重要，但卻常常久久一次、偶爾一次或是想到才運動，而很難將運動當成日常的生活習慣。如果將一個人的健康比喻為銀行的存摺，希望存摺上的數字多，就只能靠多存款；換言之，就是你想要用多少存款，就要懂得存多少存款。

而且大家別忘了，擁有健康的身體，才能接受工作的壓力及挑戰。一個身體健康的人氣色較佳、機會較多，人氣也會較旺。以前我每天游泳半小時，一年前，我開始增加到一小時，運動的增量不但讓我體能更好，也常有源源不絕的靈感，甚至許多傳授給學生的概念以及心法，都是我在游泳時靈光乍現的好創意。

3.均衡的飲食：均衡飲食已是老生常談，我們也都知道早餐要吃得好，午餐吃得飽，而晚餐吃得少，但「好」的定義是什麼？其中，蔬菜、水果是必備的，現代人因為工作繁忙、壓力大，加上飲食不規律，所以常常透過營養品或綜合維他命來補充身體。但我提醒大家，飲食除了要均衡外，用餐時的心情也是很重要的。在《別自個兒用餐》這本書提到，與人相處要：

・別斤斤計較
・保持聯繫

・別自個兒用餐

所以當我們強調吃對食物對身體有幫助時，也別忘記保持愉快的進食心情有助於你的心理健康。

4.欣賞別人：這一點是很多人都知道，但卻常常忽略掉的一件事。再次提醒讀者，對一個現代人來說，工作就是與人溝通，而正確的溝通態度與技巧則是通往財富的必經之路。因為欣賞對方是打開對方心門的敲門磚，美國心理學家詹姆士・威廉說：「人類最深層的渴望是能夠被欣賞與了解。」

你嫁給了工作嗎？

5.凡事感激：《把好運吸過來》一書的作者琳・葛雷朋提到，「感激是最接近宇宙之愛的一種能量。」我們無法預期碰到的人、事、物的好壞，但我們對待人的態度是自己可以決定的。對凡事感激，可以讓工作適時畫上句點，我們也才能從容地回到生活的節奏上，否則我們將很容易被工作壓力所影響，進而干擾到我們的生活步驟及情緒。特別是上班族更要注意，在忙碌工作一天後，下班前的半小時是整理自己心情及思緒非常重要的時刻，否則就很難進入下一個習慣——「把愛帶回家」。

6.把愛帶回家：延續上一個習慣，我們提到人要調整自己的情緒，以及不要不自覺地將工作的情緒帶回家，因為工作中

的壓力和情緒長期下來都會對人的健康帶來負面的影響，所以適當的喊停是必要的。喊停最簡單的方式是不管發生什麼事，都要對你的工作心存感激，如此你就可以輕易放下情緒，以及轉換角色，然後把心中滿滿的愛帶回家。畢竟工作不是人生的目的，生活才是。

愛是一切的答案

通常一個人回到家，第一件事是做什麼？

· 癱在沙發上？

· 躺在床上？

· 回到書桌上……

其實你還有另一個選擇，那就是將心中滿滿的愛對家人表達出來，不管是言語或行為上，一定要有愛的成分，因為愛是一切的答案。請記住，家人不只是分擔你的憂愁，家人更需要分享你的收穫及喜悅。

7. 心存感恩：常常有學員問我，感激與感恩有何不同？感激也許是對人，而感恩則是對冥冥之中看不見的力量。你是否相信每件事的發生，背後都有看不見的力量在主導？如果你相信，那你就要學會感恩。我相信上了年紀的人，尤其是像我一樣年過四十歲的朋友們，應該都會有許多因緣巧合並非空穴來風的神奇經驗。

如果你也相信,那麼你在睡覺前花幾分鐘感恩一切,或者在早上起床前閉眼冥想,我相信無論是透過寫日記、禱告、讀經文,這些心靈的沈澱肯定都會改善你的睡眠品質以及能量的提升。

起床前的心靈沈澱儀式

睡得好與日子過得好一樣重要,我期待你睡前能養成這些習慣。每天早五分鐘起床,進行冥想,就像電腦開機前的暖機動作一樣,讓你的心先活躍一下,並感謝生命的美好以及生命的精采,甚至別人能因你而更好等信念,這些都能讓你一整天的能量達到最佳狀態。如此,你就不用羨慕別人命好不好,因為命好不如習慣好!

我每天的生活,早上是游泳,我讓自己健康地充滿能量,下午,我到企業做內訓或是一對一的諮詢,晚上則是講課,其中,如有空檔,就是我個人的學習時間。我發現良好的生活節奏,讓我的工作更為順暢,這份經驗讓我感受到身心均衡的重要,我也發現舉凡成功人士都有很規律的生活及工作。

本文中提到的健康七件事,我已練習多年,這也是讓我受益一輩子的七個好習慣。我總是很開心地與朋友們分享,因為與朋友們分享的快樂,遠遠勝過獨自擁有。

管語錄

一、一個人只有願意把心門完全打開，才能吸收所有的養
　　分與能量。

二、藉口的終點是成功的起點。

三、我們無法預期碰到的人、事、物的好壞，但我們對待
　　人的態度是自己可以決定的。

四、工作不是人生的目的，生活才是。

Chapter **3** 夢想管理

如何做好時間管理？

當你在設定一個渴望的目標時，記得要求自己高一點。
千萬不要掉入「上個月沒有做到，所以這個月也維持上
個月目標」讓自己原地踏步的陷阱。

在每個月的第一個星期四晚上持續與學員碰面一次的「三
財一生」複習課中，我即時更新了我的最新學習、發現，也藉
由分享親身的案例，讓學員們更能體會如何將「三財一生」的
概念實際運用在日常生活及工作中；目的就是為了透過展現我
的進步，進而啟發學員同步持續地進步。

每個月緊湊的往返兩岸從事教練工作，還能不斷更新，很
多學員都很好奇我是如何做好時間管理的。很簡單，就是訂出
每月的「三財一生」行動方案，然後照表操課，只要培養出專
屬你的生活節奏感，就能產生滴水穿石的神奇魔力。

督促進步的行事曆

相信很多人提到安排每月行事曆，就會開始逐步寫出這個
月要完成什麼工作、做什麼事、達成多少業績額……一張只有

充滿工作的行事曆是不會令人愉悅，也不會令人興奮的，而往往變動性也高，因為計畫往往趕不上變化，所以建議行事曆應朝著有助於你快樂、健康、財富「三財一生」三大領域，去架構訂出你的時間管理行動方案。

在每個月展開前，準備一張已經畫好一個月31天日期行事曆表格的A4紙，習慣電腦作業者就可直接運用你工作平台上的行事曆，著手進行下個月的工作計畫，安排的架構則從大至小，先抓方向再訂執行細節，再加上比前一個月更好的目標設定。規劃時，項目要對、順序要正確、數目要增加、時間要彈性，這四個原則就是時間管理最核心的座標。

如何訂行事曆？

第一步，先排學習：有計畫的持續學習，會讓你感覺在成長，充滿能量，而非不斷地被工作及生活掏空，當你內心充滿能量時，就能更有創意去面對、回應所有發生的人事物，所以每月固定的學習計畫是很重要的。包括上課、參加講座活動以及讀書等不同形態的學習方式，學習的內容及方向則可簡易地以讓你「快樂」的興趣、聚會，幫助你身心靈更加「健康」的事情，以及讓你工作上得以獲取金錢「財富」的專業加強或人脈拓展等三個面向去思考、做選擇。

第二步，安排家庭、朋友等聚會：讓你的心靈隨時都有很

好的精神食糧。我常聽很多人說是為了家人才拚命工作加班賺
錢，但事實是，家人最希望的卻是多些相聚的時間。生活只有
工作的人，算不上擁有圓滿的人生。所以記得為你的家人及朋
友留下相聚的時間。

　　第三步，重要的週期性工作會議：一個月的行程表先排好
重要工作計畫，會讓你較踏實，也較有方向感，空隙再依據重
要行程去排雜事及應做之事。依照完成日期去做事情，工作會
較有節奏感，生活也就擁有流暢度了。

　　第四步，列出每月可以請教、協助你的「貴人」：包含快
樂、健康、財富三個領域的三位貴人。如果有個人重複出現，
他肯定對你是相當重要的；如果每月有新增加的貴人，表示你
的人脈關係正在持續地加分當中。

　　常常把你的貴人放在心上，記住「貴人不知道你要什麼，
除非你開口向貴人請教！」

　　第五步，在月份旁，列出你的身價，即你的收入。數字反
映你的心理地位，你是月入三萬的人，與你是月入三十萬的
人，相信我，你會做出不同的動作出來。

　　任務的達成其實就像個心理遊戲，在你可以選擇的情況
下，強力挑戰自己；當你調整數字時，便是在調整你的參數，
確定你要的參數，你的行動就會有所不同。

激發最大的潛能

　　總結來說，結果改變原因，大多數人們調高對自己的要求，就會有更大的力量及專注去突破面對自己每個月的工作及生活。當你時間愈少時，你所要專注互動的對象愈重要，體力也要愈來愈好。

　　以我個人為例，授課其實相當消耗能量及體力，所以不論如何，我一定會排時間運動，甚至近一年來，我從每天早晨游泳半個小時增加到一個小時，這反而讓我的精神、體能狀況更充滿了能量，做事的靈感也特別好。所以請你也記得訂出你的運動時間表來。當你身體充滿能量、內心感到喜悅，機緣與機會就會不斷出現！

要求自己高一點

　　特別要強調提醒的是，這些計畫及時間管理方法皆不是在改變別人，而是在調整自己的「高度」！一旦開始執行，生活的規律會直接影響工作的紀律，生活的自律也會提高工作的效率。所以當節奏感出來時，就像時間的長短針，即可同時規律地轉動，分秒不差。

　　當你在設定一個渴望的標準時，記得要求自己高一點。千萬不要掉入「上個月沒有做到，所以這個月也維持上個月目

標」讓自己原地踏步的陷阱。自我學習的過程不要比較，而是在調整自己的「空間」，你愈認真去面對、去改變、去調整，就愈能達成你要的目標。

你對朝向目標的內在愈自我期許，愈會引發驅動力去兌現你的承諾。因為每個人的內在本來就像汽車裝設GPS（Global Positioning System，全球衛星定位系統）一樣，都具備目標導向的系統，例如小孩子看到玩具，會想盡辦法得到，所以盡情發揮你原本就具有的「我要」原始本能！

每個人都想成功，但成功的人都有很好的時間管理習慣，這也是很多人最缺乏、最難去準備的，其實只要從大處著手，再安排細節，你也可以成為一位時間管理達人，邁向成功。

管語錄

一、不要忙到沒有時間靜下來，靜得下來才能看清楚自己的未來。

二、時間管理最核心的四大座標：項目要對、順序要正確、數目要增加、時間要彈性。

三、貴人不知道你要什麼，除非你開口向貴人請教。

四、當你調整你的身價「數字」時，便是在調整你的參數。確定你要的參數，你就會有所不同。

五、計畫及時間管理皆不是在改變別人，而是在調高自己的「高度」！

六、生活的規律感會直接影響工作的紀律，生活的自律也會提高工作的效率。

畫出你的未來──彩虹計畫

「我想要」的潛在力量到底有多大？只要你真心想要，你就值得擁有一切。

　　近十年前，有一天我與小姪女在鄉間散步，我對小姪女說：「妳看，天空有彩虹。」小姪女抬頭望著天空問：「在哪裡？」因為舉目望去，是個萬里無雲的好天氣。這時我叫小姪女試著閉上眼睛再看一次，不到五秒鐘，她張開眼睛興高采烈地說：「叔叔，真的有彩虹耶，我看到了！」

　　為什麼張開眼睛時看不到彩虹，但閉上眼睛卻看到了呢？當我們在設定未來計畫及目標時，是不是也很像閉上眼睛看到彩虹般，靠著想像力，我們「預見」了我們的未來？

畫「彩色人生」

　　對於未來，你的想像力有多大，未來就會有多美好！大多數人在規劃年度計畫時，慣用條列或報表方式制訂出整齊劃一的「黑白計畫」，這樣的年度計畫書相信大家都不陌生，但在規劃個人生涯時，我建議大家不妨發揮童趣，為自己畫一個充

滿五彩繽紛畫面的「彩色人生」！因為，色彩影像與文字相較之下，色彩影像在潛意識所帶給人的記憶及影響大於文字；與其寫下來不如回到最有想像力及開創力的小時候，用彩色鉛筆把它畫下來，透過構圖的方法，把你想要的東西畫出來。

　　人生不應是黑白的，要有彩色的人生，就該用彩色的方法描繪出來。我的小姪女閉上眼睛看見心中彩虹的故事，讓我想到運用彩色鉛筆、套用七色彩虹以及Mind-maping的圖解法，衍生出「彩虹計畫」目標設定法，協助學員描繪規劃出年度執行計畫。

　　1997年，接受我一對一教練指導的一位學員——現任台灣玫琳凱化妝品公司業績總冠軍紀錄保持人高聖芬便說，這是一個讓她一年銀行多存五百萬元的目標設定方法。

　　其實高聖芬當時已是該公司內部一位很成功的經營者了，卻仍透過彩虹計畫目標設定法色彩鮮明的圖示法，讓她無時無刻只要看到顏色，腦中立刻就會展開一張目標地圖，接著就會想到她的年度目標計畫。具體的呈現達成目標所需要的各種面向，讓她在達成目標的過程中更胸有成竹。

彩虹計畫目標設定法

　　首先，請準備一張A4大小的白紙或畫冊以及七色彩色鉛筆，將自己的目標，例如「2007年度目標」置於中心點，用

紅、橙、黃、綠、藍、靛、紫七種顏色代表收入、獎勵、活動、健康、團隊、老師以及名聲等圍繞個人生涯重要的生活需求領域（參考本書彩圖a）：

紅色——金錢：代表令人激發熱情的目標，主要與經濟收入有關。訂出你的年度收入目標金額，並分別標示出你的收入來源，例如薪水、兼差、稿費、投資等。只要看到紅色，就連過馬路看到紅燈標誌，都能提醒你要時時注意自己的財富目標。

你有「多想要」？

橙色——獎勵：彷彿見到成熟的橘子顏色，所以它也代表自我獎勵的方式。建議可採用階段式獎勵，即結合時間及目標設定，當在某個時間點或達成目標之際，別忘了要立即獎賞自己。獎賞內容最好是你內心渴求的事物，例如出國旅遊度假、買個名牌包、換台數位相機等，並畫出圖像，不會畫的朋友也可以用剪貼方式把你想要的東西統統放上去。

「我想要」的潛在力量到底有多大？只要你真心想要，你就值得擁有一切。

黃色——活動：要活就要動，所以黃色代表各種有益你身心靈成長以及加強專業能力的學習活動。寫下你年度主要參與的社群活動，例如扶輪社、讀書會、藝文活動、學習英文等，

持續地參與及學習，才能協助你累積一定的能量及資源。

綠色——健康：如樹木森林般代表生生不息，凡是有助健康之事，包括規律的生活作息、運動、寫日記等。在台北的每天早上六點，我都會前往亞爵會館游泳，過去每天約游半小時，隨著工作忙碌，近年來將游泳時間延長到一個小時。時間雖加長了，但精神狀況以及創意靈感卻特別多，許多提供給學員的Know-how都是在游泳之際靈光乍現想出來的。

很棒的反省方法

另外，書寫日記是個很棒的反省自己的方法；2006年，我在香港中環廣場買了一本英國SMYTHSON原版日記本，花了近萬元，但厚厚的本子卻是可以使用五年的日誌。

每一天只留有五行可供書寫的位置，要如何詮釋自己一天所得，寫好、寫壞端視自己的想法，每日反省並回頭檢視過去所寫下的「銘印」。

藍色——團隊：我直接就聯想到《藍海策略》一書，它要呈現的是達成目標所必需的團隊，一群可以協助你達成目標以及人生成功的人。例如職業婦女在家庭中，妳的團隊成員包含妳的另一半、雙親、子女等，若想要把家庭生活經營好，如何讓家庭成員都能扮演好各自的角色，甚至在工作忙碌之時，另一半願意提供適當的支持以及分擔家庭責任，就相對變得很重

要。

如果在工作職場上，你的主管、屬下，甚至協力的相關單位都可以算是你達成目標的團隊成員；當然你可能目前正在組團隊或你是獨立工作者，你就像位導演，你可能需要教導你的人、業務、技術、公關、產品使用見證者、知名度高的客戶、客服的人等，請寫好劇本讓每位演員都能盡情發揮，讓自己成為最佳主角，建置一個戰鬥力十足的團隊。

如果你還在孤軍奮戰，提醒你善用內部及外部團隊力量，你才能事半功倍，輕鬆贏得滿堂采。

建立「專家資料庫」

靛色——Master、老師：建置一個專屬你的「專家資料庫」，可以協助、解答你問題的老師、指導者或教練。在邁向達成目標的路途上，我們一定會遇到各種問題要面對、解決，這時，你可以選擇自己摸索解決，但最快速的方式莫過於高人指點。所以請建立自己的「專家資料庫」，例如人生方向的導師、行銷的專家、e化的老師、健康的顧問、運動的老師等。你的「專家資料庫」愈豐富，相對你的良師益友及貴人愈多，當然更重要的是，請你也成為別人「專家資料庫」的一員。

紫色——名聲：對應紅色是實質獲利，想當然爾「紅得發紫」、名利雙收就是你的名聲、知名度。《不被工作困住的

100個方法》書中提到「帶得走的資產是唯一的工作保障」、
「工作成果＋聲譽＋人脈＝你的市場價值」在在都在提醒維護
及提升個人品牌形象及知名度的重要。以我個人為例，2007
年，我期望透過《三財一生──金牌教練教你同時健康、快樂
又有錢》的出版、接任台北健康扶輪社2007─2008社長等方式
進一步提升及擴大自己的影響力及知名度。

　　對一般朋友來說，除了珍惜每次表現機會，做最專業的演
出贏得好口碑外，建議也應善用數位科技工具，例如免費的部
落格平台或自製電子報方式，你也可以藉此輕鬆擴大你的知名
度。

顏色	意義	舉例
紅	收入	薪水、投資獲利、寫作收入等
橙	獎勵	出國旅遊度假、換部車子、買個名牌包、電腦
黃	活動	扶輪社、青商會、藝文活動、課程、讀書會等
綠	健康	運動、寫日記、營養補充等
藍	團隊	完成目標所需要的合作／協力夥伴
靛	老師	可請教、協助解決問題的老師、顧問、教練
紫	名聲	口碑、公益、個人品牌公關、著作、電子報

（表：彩虹計畫目標設定法簡表　顏色代表意義）

「想到」與「做到」之間的距離

　　你是不是也已經畫好你的年度彩虹計畫了？提醒你，在描繪彩虹計畫的過程中，「顏色」與「圖案」是當中的關鍵重點，色彩會提升你面對人事物的敏感度，圖案則會讓你擁有更具體的想像空間，就像蓋房子前要有建築設計圖一樣，你愈清楚你想要的東西，潛能被發揮的力量就愈大。

　　另外，時時展示你的計畫，讓你的想法從眼睛、嘴巴到手，不自覺腳就會走到，從內到外、從上貫穿到下。分享的次數愈多，實現的機率更大，亦會啟發周圍的朋友。

　　要知道，想法到做法可說是地球上最遠的距離！就像棒球打擊者在練習時，內心都會有面全壘打牆，請勇敢地用球棒指出你的全壘打牆，如同《牧羊少年奇幻之旅》書中提到「當你真心渴望某樣東西時，整個宇宙會聯合所有的力量來幫助你。」

　　最後，進一步提醒的是，保護你的目標跟看待你的存摺或最珍貴的東西一樣，時時看望，甚至就將你的彩虹計畫圖放置在最顯眼之處，時時提醒，一直到你腦中真正擁有一個完整的彩虹計畫圖。我要告訴大家的是，想到不一定做到，但做到肯定會讓你意想不到。

　　我常常問學員，你願不願意為你的未來，做最佳的準備，盡最大的努力？請畫出你的彩虹計畫吧！最後，再將你達成目

標的過程變成一個精采的故事。人因夢想而偉大，你也能為你的人生寫出一個精采的劇本，並且獲得最佳導演編劇獎。

管語錄

一、從想法到做法是地球上最遠的距離！

二、想到不一定做到，但做到肯定會讓你意想不到。

三、你願不願意為你的未來，做最佳的準備，盡最大的努力？

四、人因夢想而偉大！

五、為自己的人生寫出精采的劇本！

如何達成人生目標？

在十八年的培訓經驗中我發現，大多數的學員設定個人目標或計畫時，最後都淪於紙上談兵，甚或同樣的計畫週而復始的出現在每一年的年度計畫上，一直無法實現。

　　「如何達成目標」就像「如何設定目標」一樣，是大家常常會碰到、迫切要解決的問題，也是學員與我互動時常常提問的考古題；我認為，目標的達成是有階段及節奏的。
　　達成三財一生的人生目標或人生意義的方程式，若用時間做區隔而訂定九個不同階段的重點任務，從：

　　時時──準備

　　日日──執行

　　每週──任務

　　每月──計畫

　　每年──目標

　　五年──願景

　　十年──夢想

　　三十年──使命

人生——意義等來進行一步一步的說明。

以每年目標為中心點，往前推，為了達成目標，你需要做

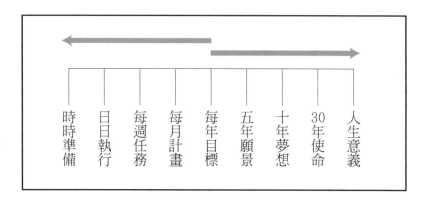

每月計畫、每週任務、日日執行以及時時準備的工作；而展望
未來，你一定要思考或規劃出你的五年願景、十年夢想、30年
使命，以及這一生你所為何來的人生意義。以下一一為讀者解
說：

執行力是重點

　　一、時時準備：機會出現之前唯一要做的就是準備，準備
有三元素：

　　1.充實知識

　　2.熟練技巧

　　3.調整心態

　　這是隨時都在進行的準備工作。舉凡做最佳準備的人，也容易吸引到比較好的機會。時時準備重「熟練」。

　　二、日日執行：執行是每天最需要確定的一件事，它取決於之前的準備，少了執行什麼都成不了。執行成功的關鍵在於照表操課，每天該做的事，前一天都已經寫下來了，看著執行清單做事，沒有什麼方法比這個更簡單、更有效。日日執行重「紀律」。

　　三、每週任務：任務是每一週必須要妥善安排的項目，因為它關係到時間的分配，尤其是現代人忙碌的工作行程，每週如果沒有妥善安排應該執行的項目，保證時間永遠不夠用。所以哪些任務優先執行，哪些任務可以延後安排，很明顯地一個禮拜下來後，就見真章了。工作有沒有按照進度走，一個禮拜下來就一目了然。每週任務重「彈性」。

　　四、每月計畫：規劃的關鍵在於有多少資源，包括人力、物力、財力，如何去做妥善的分配，去支援每一週的任務，以達成年度的階段性目標。每月計畫重「溝通」。

　　五、每年目標：要數量化、文字化及系統化，並掌握以下幾個要素：

　　1.項目

　　2.數字

　　3.對象

4.方式

每年目標重「數字」。

六、五年願景：願景是夢想與目標的橋梁，千萬不要高估一年的目標、低估十年的夢想，關鍵在於願景是否生動明確，是否能夠持續達到目標，邁向夢想。透過願景可以不斷提醒，每一年達成的目標有無朝夢想邁進。五年願景重「明確」。

七、十年夢想：美國人權領袖金恩博士有一場著名的演講，主題為「I have a dream.」夢想雖然還沒有實現，但它是一種宣示，宣示要朝哪一個方向前進。對於還沒發生的事情，夢想就是促使它實現的催化劑。十年夢想重「渴望」。

八、30年使命：發現人生使命最好能趁早，才有足夠的時間去實現每個階段的夢想，因為使命感會強化夢想，直到它實現，甚至會縮短夢想實現的時間。三十年使命重「強烈」。

九、人生意義：這是最後一個問題，也是最簡單的問題，但卻是最容易忽略的問題，那就是人到底活著是為了什麼？我覺得人生所有夢想的實現，終究是為了留下美好的回憶。人生意義重美好的「回憶」。

避免紙上談兵的方法

在十八年的培訓經驗中我發現，大多數的學員設定個人目標或計畫時，最後都淪於紙上談兵，甚或同樣的計畫週而復始

的出現在每一年的年度計畫上，一直無法實現，我自己統計、歸納出兩個大原因：

1. 動機不正

2. 不夠專注

舉例一，年度目標最常提到的就是我要賺多少錢，但卻沒有想清楚要怎樣去幫助到人。

其實關鍵在於如果幫助到足夠多的人，怎麼可能賺不到錢？

舉例二，我常聽到學員說他這個月想做這個，下個月又想做那個。其實做什麼都好，但往往什麼都想做，卻什麼都做不好。

總歸：

1. 隨時檢討自己做事情的動機是否正當？

2. 是否全心全力專注於一個領域，然後把自己表現到最好？

掌握到這兩大原則，不論你設定什麼夢想，我相信全宇宙都會聯合所有的力量來幫助你。

目標的實現，需要看得見的執行，與看不見的節奏。不同的週期大小有不同的重點與節奏的要求。我看到了，你是否看到呢？

管語錄

一、目標的達成有階段及節奏。

二、執行成功的關鍵在於照表操課。

三、對於還沒發生的事情，夢想就是促使它實現的催化劑。

四、你忽略這個問題了嗎？你活著是為了什麼？

五、年度目標最常提到的就是我要賺多少錢，但卻沒有想清楚要怎樣去幫助到人。其實關鍵在於如果幫助到足夠多的人，怎麼可能賺不到錢？

機會要主動「創造」

在一無所有的情況下，在台北市東區敦化南路的「主婦之店」，我靠著用杯墊做名片，以一種主動的方式，開始了我的一對一Coach生涯。

　　金錢來自於機會，機會要懂得創造。當我在二十幾歲時，有位長輩對我說：「小管，社會有四種人：1.強者、2.智者、3.弱者、4.愚者。弱者與愚者不太會走進課室學習，你一定要成為強者或智者，做一個創造並掌握機會的人。」後來我發現，強者創造機會，智者掌握機會，愚者錯過機會，弱者等待機會。您可以選擇想要成為什麼樣的人，以及擁有什麼樣的機會。

主動，再主動

　　1990年，我參加台中一中的高中同學在卡內基訓練的結業典禮之後，才發現原來運用我與生俱來、遊刃有餘、樂此不疲、與人互動的天賦是可以創造一片天的。就像之前的文章所提過的農夫靠「天」吃飯，現代人則要靠「天賦」吃飯。在一無所有的情況下，在台北市東區敦化南路的「主婦之店」，我

靠著用杯墊做名片，以一種主動的方式，開始了我的一對一Coach生涯。我常說要成為一位優秀的業務，一定要主動；我有很多金牌選手，並不是我特別會教，而是他們都很主動，主動的學習、主動地創造機會，因此擁有了豐碩的果實。

在此與大家分享創造機會的十個心法：

1. 了解自己會帶來力量，了解別人會帶來機會。

2. 用反省整理（過去的失敗），用行動掌握（現在的機會），用信念創造（未來的成功）。

3. 白天所掌握的機會來自晚上所做的準備。

4. 多數人的偏見造就少數人的機會。

5. 為別人做好服務，等於為自己創造機會。

6. 強者是不會放過任何可以學習、成長、改變的機會。

7. 最有價值的學習要能達到開發智慧、吸引機會的目的。

8. 積極的人當下決定，立即執行，掌握機會；消極的人再三考慮，一再拖延，錯過機會。

9. 人生的旅程如同走在沙灘上，你不會知道下一個階段會撿到什麼寶貝（機會）。

10. 強者創造機會。

告訴自己「我可以」

我常覺得，所有的力量都來自於自我察覺，真正的力量是

自己告訴自己「我可以」，所以了解您的客戶將會帶來很多很多機會，也因為客戶的拒絕是本能、是常態，所以唯有了解自己與了解別人，才能創造更多的機會。

當然面對客戶的拒絕以及人生的跌倒、失敗並不可恥，但學到什麼才是最重要的。我們常常會聽到許多說No的藉口，不過「藉口的兒子是拖延，藉口的孫子是放棄，而最會找藉口的就是客戶及業務。」只要您能克服藉口，就可以創造屬於自己的機會。

成功需要的不僅是努力，還要信念，因為每個冠軍賽到最後都是在打耐力及意志賽，同樣的，機會也是，它需要耐心的期待；但是最好的機會通常不是等來的，而是主動創造而來的。

另外，值得要注意的是，別人不是您，他永遠都不知道您在想什麼。對於多數人的偏見，您只要換個角度想，想成那不也是另一個很棒的機會嗎？那麼您就可能勝出。

歡迎可敬的強者

強者永遠都會問最近有什麼新的人事物，所以若您要成功，一定要有可敬的同業對手，因為他會提醒您，他的成長改變，將刺激您的成長。與人交往會互相影響，孟母三遷就是為了提供一個好的環境的最好例子。

　　成功是一種心智遊戲，就像打籃球的人一拿到球就要立刻
做出決定出手一樣。機會稍縱即逝，您必須好好掌握。

　　創造機會的祕訣並不在於機會本身，而在於機會出現之前
做了哪些準備，機會出現之後，您又做了哪些處理。例如您要
從事業務的開發，除了準備好自己的專業外，還要養成習性，
即有膽量，又懂得欣賞對方，那麼才可能擁有成功。

創造機會七步驟

　　創造機會，需要七個很重要的程序：

　　程序一，能量高：為什麼第一個程序是能量一定要高？因
為能量高，冥冥之中，機會已被您吸引過來。我常說看得見的
叫「能力」，看不見的叫「能量」，不管您相不相信，宇宙間
有一股看不見的能量一直在運作中。請您回想一下，每當您出
國旅遊回來、上完一堂課或聽完一場演講，是不是都覺得自己
的能量特別高？關於能量，有三個很重要的步驟：

　　1. 在個人修為中聚集能量

　　2. 在生活休閒中醞釀能量

　　3. 在工作投入中則要發揮能量

　　相信這三個步驟，只要您願意運用，機會就已經開始靠近
您了。

　　程序二，溫暖夠：不僅要給人能量，還要有溫暖，因為表

情、語言及態度都會影響到對方的心情，甚至會決定事情最後發展的結果。其實給人溫暖的感覺並不複雜，只要多練習照鏡子，學會看到鏡中最自然微笑的表情就可以了。日本有位推銷保險大王原一平，根據他的研究，人類擁有三十六種不同的笑容。

程序三，熱情多：熱情不是一個口號。如何表達對人的熱情，需要用具體的行動表現出來。我有一位非常傑出的學員董天路（Luke），他曾與我分享人類表達愛的五種方式（詳見p141〈Luke的紀律〉一文）。我將它轉換成：

1. 贈送貼心的禮物
2. 言語上的祝福
3. 提供對方需要的適當服務
4. 有品質的聚會
5. 適當的肢體接觸

這五種表達熱情的方式，效果好壞，完全看您運用得有多純熟。

程序四，吸引人：透過有質感的儀表、豐富的內涵把自己變成磁鐵，將機會都吸引過來。您有這種經驗嗎？剛認識一位新朋友，雖只是第一次見面，對方卻讓您有乍見之歡，而與對方聊完天後，他又讓您感到相見恨晚。如果有可能，請您拜他為師吧！如果沒辦法，那您可以請教我！

八種朋友助你一生

程序五，創造機會：這程序是我的強項。《人生一定要有的8個朋友》書中提到，有八種朋友可以幫助您一輩子：

1. 推手
2. 支柱
3. 同好
4. 夥伴
5. 中介
6. 開心果
7. 開路者
8. 導師

其中的中介就是很喜歡協助他人，以建立關係的朋友。如果您有這樣的朋友，您必須要讓他知道，他有「多麼重要又不可或缺」。我就是一位喜歡協助別人建立關係的中介者。如果讀者有機會與我見面，請記得要講前面這段話，讓我知道。

總而言之，積極參與聚會才能不斷創造機會。您一定聽過機緣巧合，對我來說，人生沒有一件事是意外的，重點在於您是否用心、是否刻意去創造。一般來說，在學習的聚會裡，磁場也比較正面。另外，主動為別人的機會搭橋，也等於為自己的夢想鋪路，建議您除了自己的夢想外，也多想想別人到底需要哪些機會。

　　程序六，解決問題：客戶的需求不是您給的，而是需要您把它引出來；發問是最好的方法。我常說發問是最好的表達，因為您所講的客戶都會懷疑，您所問的，客戶則很難不去想。透過了解客戶最重要的問題，滿足客戶的需求，您就能擁有更多的機會，創造更多的業績。

　　程序七、建立信任：真正的關係是需要付出努力和犧牲才得以維持的，所以需要您將另外一個人的安寧、成長和幸福放在首位。另外，信守承諾，遵守承諾有時比成功還難，信任就像儲蓄，就看您是在存款還是一直在支領現金，或是一再跳票。而創造機會的目的，不就是為了贏得別人的信任嗎？

　　創造機會的祕訣關鍵在於您要把它當作「練習」。最後送給讀者一個我非常深刻的領悟：「逮到機會要發揮，碰到問題就解決，揮棒落空不可恥，虛度一生才可悲！」祝福您不斷揮棒、解決問題，這就是創造機會的終極祕訣。

管語錄：

一、強者創造機會，智者掌握機會，愚者錯過機會，弱者
　　等待機會。

二、所有的力量都來自於自我察覺，真正的力量是自己告
　　訴自己「我可以」。

三、面對客戶的拒絕以及人生的跌倒、失敗並不可恥，但
　　學到什麼才是最重要的。

四、只要您能克服藉口，就可以創造屬於自己的機會。

五、創造機會的祕訣關鍵在於您要把它當作「練習」。

Chapter **4**　開創藍海

個人如何運用「藍海策略」？

狀況不佳的人，常會把注意力放在環境不好、別人不好、時機不好；狀況佳者，則是把注意力放在如何提升自己的競爭力，以及重新再學習。

　　在研讀《藍海策略》之際，我們看到許多針對企業的藍海策略行動方案的論述及剖析，但針對個人生涯及職涯的部分並未多所著墨及示範，如果每個人都把自己當成是一家公司來經營的話，想要活得精采、具有競爭力，那勢必也要有一套屬於個人成長的藍海策略行動方案。

　　2005年8月，我選擇《藍海策略》這本書的導讀，揭開我與好友東林美髮集團總經理黃仁能所共同創辦的「賢能菁英讀書俱樂部」（www.vipbook.com.tw）首場活動序幕（詳見P203〈「讀」出藍海策略〉一文）。2005年9月，我飛往北京參加《藍海策略》的新書發表會，近距離與作者金偉燦（W. Chan Kin）與莫伯尼（Renee Mauborgne）接觸，親身領會撰寫這本二十一世紀企管經營類經典書籍的作者風采。

當時我也詢問作者金偉燦，書中的行動方案架構是否適用
於個人身上，當場獲得對方確認可行的答案。

提升競爭力

在學習上，我認為要以經典為師、以自然為師、以智者為
師，而近身與一流的教練及老師對話、學習Know-how，才能成
為一位可以培訓金牌選手的金牌教練。

一年後，2006年9月6日，我接受當時擔任中國多普達CEO
暨總裁李紹唐先生邀約，以學習者的角色，再度前往北京與數
百位大陸的CEO共同參加「CEO創新藍海策略論壇」。

在這之前，我陸續也與李紹唐先生討論，希望整理出一套
屬於個人成長的行動方案，以提供給許多人作為提升自己競爭
力的架構，這除了獲得李紹唐先生的熱情回應，給予許多寶貴
意見及指導外，甚至李紹唐先生還以他過去精采的生涯規劃歷
程當成範例，讓這個創新運用的個人成長行動架構確實可行、
可用。

9月6日凌晨四點，在北京歇腳的飯店，學習的熱情讓我的
思路如泉湧般源源不絕，在迎接曙光的那一刻，我也為幾天後
在台北的「三財一生」複習課的同學帶回這份「藍海策略——
個人成長行動架構」。

最主動的學習

　　或許許多人會好奇，是什麼樣的動力，讓我持續花費一年多的時間、往返兩岸十幾趟，就為了要找出「藍海策略個人成長行動方案」？因為我認為被動的學習是看與聽，主動的學習則是去尋找、去發現。

　　在我從事教育訓練近十八年的歲月裡，就是抱持這樣的執著與熱情，去尋找而非等待，以身為一個能幫助學員達成目標的教練為使命，才能讓我一直不斷的進步、創新。同樣的，我也希望這樣的執著與熱情，能不斷感染我周遭的朋友。在教授學員的過程中，我對自己的要求是講別人的故事要生動，講自己的個案則要真實，因為只有真實的呈現，才會有影響力！

個人成長行動方案

　　車有車況，路有路況。人有如車子一樣，有時也會出狀況！

　　環境不好沒有關係，就像開車上路，路況不可能一直都很好，但是只要把注意力放在如何調整自己以達到最佳狀況，仍能達到終點。路況及環境要我們去適應，因為即使路況不好，仍會有人開車上路。我們也發現狀況不佳的人，常會把注意力放在環境不好、別人不好、時機不好；狀況佳者，則是把注意

力放在如何提升自己的競爭力，以及重新再學習，就像車子進
廠維修，再重新電腦定位一樣，校正後又能安全地上路。學習
就像進廠保養，重新再定位，而活動聚會就像是加油，有人可
以遵循，接下來最關鍵的就是努力及紀律了。

　　將《藍海策略》中新價值的創造、降低、去除、提升四個
行動面向套用在個人成長行動方案上，是完全可以適用的（見

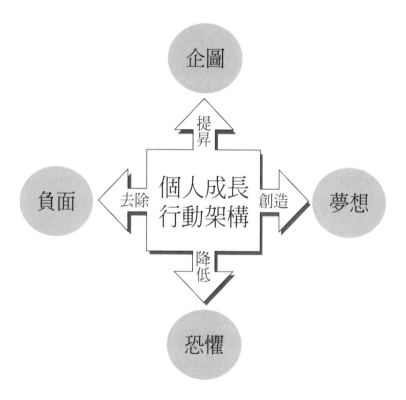

圖），即是要進行：

創造──個人夢想

降低──個人恐懼

去除──個人負面

提升──個人企圖等四個行動方案。因為我們在創造夢想及提升企圖心之際，一方面也要學習降低恐懼，以及去除個人及周圍負面的想法及環境，如此才能不斷地創新個人價值。

接近成功者

要想創造夢想，就要接近成功者，尤其是具備有品德及能力的成功人士。因為朋友會影響你的未來，所以非得慎選你的友人不可。另外，接近成功者也會強化你往成功邁進的動力。

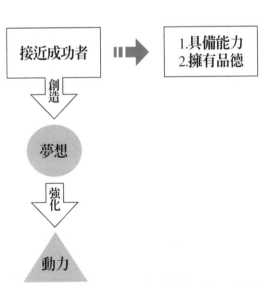

接受挑戰

接受挑戰有助於提升你的企圖，

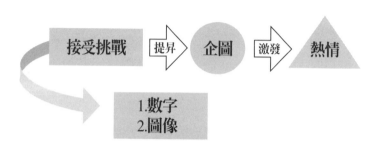

尤其是具有數字及圖像的挑戰。一再地接受挑戰、完成挑戰，就能一再提升你的企圖，並激發你接受挑戰的熱情，就像連續的安打，有助於打出你人生的全壘打。

持續學習

持續的學習有助於去除負面想法。透過參與活動、社團都能讓你將負面轉換成正面、積極的能量。

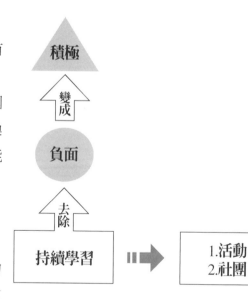

不斷練習

恐懼對事情的結果沒有助益，但它

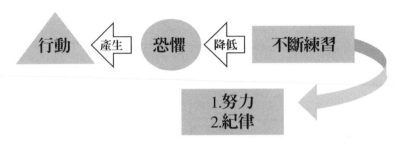

又確實存在著。透過不斷努力及有紀律的練習，可以降低你的恐懼，進而產生不斷的行動力。

檢視自己的最佳工具

　　若將「個人成長行動架構」比喻為一輛車，那麼創造夢想則是握住方向盤，提升企圖則是啟動引擎，降低恐懼則是備好

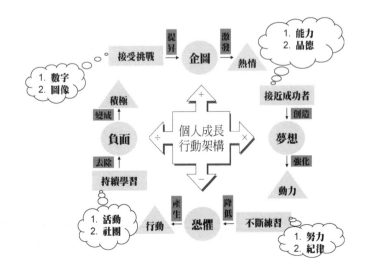

輪胎，去除負面則是不斷加油。

「個人成長行動架構」最重要的關鍵在「同時」進行創造夢想、提升企圖、去除負面、降低恐懼這四件事，就像一輛車子能夠啟動上路，整個車體結構包括方向盤、輪胎、引擎及油箱都要完備，這是一個整體配合才能運作的系統。

「個人成長行動架構」希望提供讀者作為一個檢視工具，重點不在記下來，而是拿來檢視自己，如果有特別要注意之處，即是如果你想要創造個人生涯的藍海，必須：

1. 接近有能力、有品德的成功者
2. 持續參與活動與社團不斷學習
3. 設定一個有數字及圖像的明確目標
4. 不斷要求自己的紀律與付出行動的努力

那麼我相信你一定能創造出屬於自己未來人生的藍海。

管語錄

一、如果將個人當成公司經營，想活得精采、具競爭力，
　　那麼也要有一套個人成長的藍海策略行動方案。

二、被動的學習是看與聽，主動的學習則是去尋找、去發
　　現。

三、接近成功者會強化你往成功邁進的動力。

四、透過不斷努力及有紀律的練習，可以降低恐懼，進而
　　產生持續的行動力。

永遠的藍海──李紹唐

別人也許只知道1%的你，只有你自己認識100%的自己。千萬不要隨便被別人影響，而抹滅自己的智慧，要認真地去解剖真實的自己，勇敢去做自己想做的事。──李紹唐

　　所謂戲法人人會變，巧妙各有不同！《藍海策略》在台上市不到三年，狂銷逾三十萬冊，許多企業更將此書當成主管人人必讀的經營聖經，甚至規劃為企業經營策略的行動方案架構，期待能為企業開創一個無人競爭的全新市場！

　　落實在個人身上，我覺得我的老師──李紹唐先生，也就是前中國多普達CEO兼總裁，他二十四年的職涯完全是《藍海策略》個人版的展現。

　　在與李紹唐先生互動兩年多，我在同步找尋「個人成長藍海策略行動方案」時，李紹唐先生給了我許多寶貴的意見及實質的指導，不僅催生「藍海策略──個人成長行動方案」（詳見p115〈個人如何運用「藍海策略」？〉一文）。2006年10月3日，在我的邀請下，他第二次蒞臨台北健康扶輪社做公益演講，無私地以親身經驗作為範例，向現場四百多位朋友展示

如何運用藍海策略在他二十四年的職業生涯上。

他與聽眾分享他的工作歷程，大致可分為三個階段：

1. 從行政到銷售職
2. 從高階主管到CEO
3. 從外商CEO到本土企業的CEO

為了達成每個階段的任務，成功扮演好每一個階段的角色，李紹唐先生在每個階段都有明確的個人成長藍海策略行動方案。

從行政到銷售職——當客戶對你Say No

初入社會，進入IBM公司，李紹唐先生從行政職開始做起，後來轉任銷售職，此時他需要增加產品的知識、提供客戶各項解決方案、銷售的各項技巧，更重要的是要喜歡與人互動。而銷售工作最重要的就是創造新客戶，以及創造客戶的需求。由於是從內勤的行政職轉到要與人密切互動的銷售職，所以此時必須要去除的就是保守的心態以及僵硬的想法。當然此時因為需要多配合客戶的作業時間，相對的，就會降低與家人相處的時間；另外，從事銷售職一定會面臨客戶對你說NO的狀況，如何降低挫折感、如何愈戰愈勇也是這階段很重要的學習課題。

當李紹唐先生計畫從行政職轉到業務銷售時，他非常謹慎

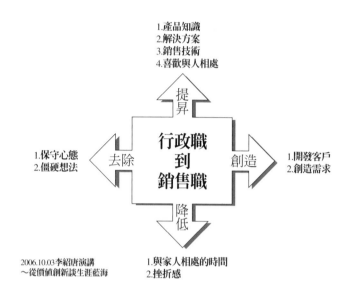

地找了多位頂尖業務，分別詢問了他們三個問題：

1. 做業務最痛苦的三件事是什麼？

2. 最快樂的三件事是什麼？

3. 最需要具備的特質是什麼？

透過這些，李紹唐先生得以了解自己即將要面臨的挑戰是什麼，以及決定自己是否要迎接這樣的挑戰。

另外，為了評估轉任業務銷售職在有形（薪水、福利等）及無形（個人形象及未來機會）上的增減，李紹唐先生真心地建議大家：

1. 要找到自己有興趣及喜愛的事

2. 要對學習永遠充滿飢渴

3. 心態上要謙虛

要擁有大智若愚的智慧，因為世界上「沒有完美的人」，人都有優缺點，只要你心胸寬大，找到自己喜歡的事，發揮你自己的天賦，錢自然就會進來。

另外，除了要追求自己想要的，也要懂得尊重別人，每個職場都會有其遊戲規則需要遵守，所以更要以開放的心胸去面對每一個職場！

從高階主管到CEO —— 創造公司的願景與文化

在《勇敢去敲老闆的門》（天下文化出版）這一本書中，李紹唐先生很清楚地了解到他在IBM已無法再往前邁進，所以他選擇揮別十七年半IBM的職涯，去接管台灣甲骨文的CEO，並在三年後前往大陸擔任中國甲骨文華東暨華西區董事總經理，李紹唐先生正式邁入第二階段職涯。

從高階主管到CEO，這時所需要提升、加強的能力包括對員工的領導統御、經營上的財務報表、對公司的治理能力，甚至由於要與國外總公司直接報告，而要更加強語言能力，當然耐壓能力也要自我提升。

身為一家公司的CEO，要扮演的角色就像一個企業領導

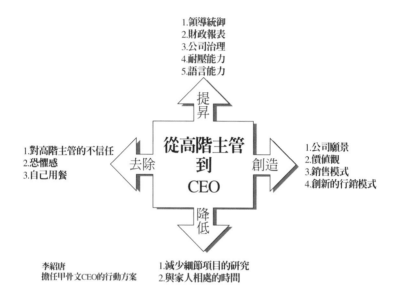

人，包含要創造公司的願景、文化價值，甚至創新的行銷模式，以藉此達成企業的經營目標。

從外商CEO到本土CEO——了解自己，勇於追求並超越

　　在甲骨文任職CEO五年半後，為了向更大的決策力職涯挑戰，李紹唐先生在多普達國際總裁董俊良的邀請下，擔任中國多普達的CEO，此時李紹唐的行動方案架構，因為從外商國際企業進入本土企業，經營管理上少了過往外商企業總公司的國

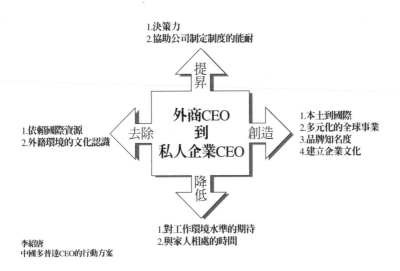

1.決策力
2.協助公司制定制度的能耐

提昇

外商CEO
到
私人企業CEO

去除   創造

降低

1.依賴國際資源
2.外籍環境的文化認識

1.本土到國際
2.多元化的全球事業
3.品牌知名度
4.建立企業文化

1.對工作環境水準的期待
2.與家人相處的時間

李紹唐
中國多普達CEO的行動方案

際資源，工作環境也不如外商企業的舒適，但面對的是需要為中國多普達這個四歲的新公司制定新制度及做出市場決策的挑戰，這是一個完全要他領軍往前衝的位置。

　　一開始，許多人對於李紹唐先生從人人稱羨的甲骨文CEO轉任中國多普達CEO（營運長）一職，覺得驚訝。但他想提醒大家，別人也許只知道1%的你，只有你自己認識100%的自己，所以千萬不要隨便被別人影響，而抹滅自己的智慧，要認真地去解剖真實的自己，勇敢去做自己想做的事。如果你無法勇敢反映事實，表達你自己的Needs & Wants，最後你是無法成為自己的，所以勇敢去追求你喜歡、熱愛的工作吧！

擁有五力，無往不利

　　如果大家仔細觀察，會發現在「降低」這個部分，不論在哪一個階段，李紹唐先生都必須減少與家人相處的時間，在這部分，他相當感謝太太的支持與體諒，不過這也是促使他在與家人互動時更強調「質」，甚至在大陸工作四年以來，不辭辛苦地維持每兩週返台一次探望家人的高頻率互動，或許這樣的狀況，也是很多在職涯上有所表現的朋友必須接受的高度挑戰！

　　如果人能活到八十歲，在這兩萬九千兩百個日子裡，李紹唐建議不論是個人或企業一定要擁有「五力」，即：

　　1. 學習力

　　2. 生命力

　　3. 執行力

　　4. 競爭力

　　5. 成長力

　　企業的CEO要帶頭學習，包括學習管理的能力，以及學習核心的專業能力，有了知識與智慧後就能擁有求生存的能力，即生命力，並透過擁有的智慧與經驗去執行所有任務，執行力就能創造市場競爭力，因為有競爭力的企業就會有成長，一旦成長後，若不持續地學習，會像風箏斷了線，企業的成長會受到阻礙，所以一定要持續地學習，以擁有這五項生生不息的循

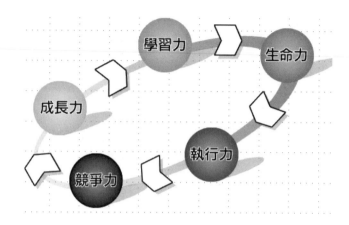

環力。

與人分享是最佳學習

所以無論李紹唐先生工作再怎麼繁忙，他都會要求自己每月至少讀一本原文書，甚至鼓勵周圍的朋友多看書、多參加活動，以保持豐沛的學習力。

值得一提的是，李紹唐先生認為要透過與人分享才能獲得最佳學習，所以當他以個人成長行動架構來描述他自己的生涯轉型階段時，我們也更清晰地了解他如何將複雜的理論運用在工作及生活上，而這也有助於他在下一階段「勇敢去敲未知的門」。

　　什麼是一生中用錢也買不到的快樂呢？我想在李紹唐先生身上看到的就是因為自己的分享與付出，讓人得以有方向、得以成長、得以創新。當然如果仔細研究李紹唐先生的個人生涯行動方案，在「降低」的部分，因為要「提升」、「創造」某些項目而必須減少與家人相處的時間，但這同時也是為了爭取未來更多與家人在一起的時間而努力奮鬥。不論是「勇敢去敲老闆的門」或「勇敢去敲未知的門」，李紹唐先生永遠都在寫屬於自己的人生劇本。

管語錄

一、擔任銷售職，最重要的是要喜歡與人互動。

二、銷售工作最重要的是創造新客戶，以及創造客戶的需求。

三、如果你無法勇敢反映事實，表達你自己的Needs & Wants，最後你是無法成為自己的。

四、別人也許只知道1%的你，只有你自己認識100%的自己。

Chapter **5** 勇奪金牌

如何成為優秀的人生教練？

在現代，每個人都能迅速得到資訊，所以教練要學會引導、提問，並協助對方做整理，然後讓對方看到他自己最好的一面，而且表現到最好。

常常有學員問我什麼是教練，怎麼當一個成功的教練。我希望藉由這一篇文章與讀者分享。

在成長的過程中，我們的父母、師長通常都會告訴我們要怎麼做，但事實上，我們不一定會照做，因為每一個人都有屬於自己的內在聲音。一個人真正的改變絕不是由外而內，有很多學生，老師教的，都不見得願意去聽，所以學生如果真正要有所改變，首先在行為上要有所作為，並且使他的思維與行為合而為一，如果他的思維與行為不合一的話，那麼他的改變只是暫時的，一旦別人沒有要求時，他就不會採取行動。

引導不同於教導

絕大多數的人內在聲音都是混亂的，他是要聽父母的？還

是要聽師長的？還是要聽朋友建議的？聽到最後，他也亂了。傳統的老師對待學生的方式，是老師發作業、考學生，但事實上這對一個人的成長幫助是有限的。

師父領進門，修行在個人

　　成功，一半取決於學生的素質，一半是老師的功力，但經書易得，明師難求，一個真正好的老師，他不只是在販賣他的知識或講授他所知道的，以及分享他的經驗而已。

　　一個好的老師能夠引發學習者創造一個願景改變自我，除了用講課及表現之外，還有另一個層面，即他不只是一個老師，他還會去關心學生，他更會提出一些問題問學生；他會用正面的建議去提醒學生，讓學生把自己的優點發揮到最好，所以學生要的往往不是知識、技能，而是提醒與肯定。

　　普遍的傳統家庭教育到最後都是變成要求，甚至辦公室中的工作氣氛，也變成只是要求。如果是要求，得到的結果往往是──工作者及孩子都會在潛意識中產生反抗。

　　教練的功能不是在教導，而是站在一個引導的地位。他不是在說，而是在提問，他不是在命令，而是在給予肯定。

　　在後知識經濟時代，每一個人都能迅速得到資訊，而一個好教練就要把自己的心態調整到──不能把每一個人都當作白癡，什麼都不懂。可能在以前的時代，你給什麼，人家就接受

什麼，但是未來的時代，是引導、提問，是協助對方去做整理，然後讓他看到自己最好的一面，而且表現到最好。

教練是引導出學員的優點

教練的功能不是壓抑一個人或是塑造一個人，教練最大的功能是在學習、了解與幫助學習者，「教學相長」就是說明教練工作性質很好的一句話。指導者如果也抱持學習的心態，那麼相對的，被指導者潛意識中也會願意把自己的狀況與指導者做討論。

教練沒有一定的問句模式，但是要讓被指導者覺得教練對他是篤定跟肯定，而不是一個命令者。

現在的社會與以前的社會有很大不同，在資訊不發達的時代，教練代表的角色或許是一個指導者，但是在當今資訊發達的時代，一個教練反過頭來要讓學生或是工作者，願意向教練敞開心胸，談論他的困擾、問題與挑戰。

當一個人願意向你闡述他所遇到的挑戰與問題時，其實他的問題已經解決一半了！

接著他可能要去釐清，這麼多的想法與問題，哪一個才是對他自己及別人有幫助的？而不是一昧的水都裝滿了還在裝，當水一直進來並且持續時，如果沒有活用這個水的時候，就是一種浪費，所以此時的教練，就是讓當事者或學生、工作者了

解，不管你在任何的工作崗位或比賽，任何時候，你都可以將你最好的一面表現出來。教練不是讓一個人的缺點暴露出來，而是讓一個人的優點被引出來。因為真正的教育不是把桶子裝滿，而是點燃火炬。

重視團隊合作的現代

在以往職場的錯誤競爭觀念，都是教你把別人否定、幹掉，才是贏家，而現在的觀念是──你如何因為優點而把自己表現得更好，並且因為懂得欣賞別人的優點，也讓大家都表現得更棒。一個好的選手，絕對是一個很好的團隊成員，他絕對不會說只有我最棒而獨善其身。

一個好的教練，會讓一個好的選手學會除了把自己最好的一面表現出來，也會懂得去欣賞別人的優點。

比如一場比賽，要把球打贏，不只要把你的專長表現到最好，還要懂得與別人截長補短。「欣賞別人的優點，會成為自己的助力；肯定自己的優點，會讓自己增強實力。」如何讓一個執行者，因為有一個教練在他背後推動他成長，而讓他產生一股往前進的力量，這是當一個教練非常重要的任務。

一輩子的關係

為什麼人生需要教練呢？因為人生有太多的選擇，有太多

的變化，教練與選手的互動，最好不是一下子，也不是一陣子；最好的教練與選手的關係是一輩子，因為教練會不斷看到選手的優點，提醒他的盲點，一路上給予適時的指點。因為人很多時候會因為外在環境的改變而產生盲點。人生是一段漫長的旅程，沒有人保證所行走的軌道都OK的。關鍵不在出了什麼狀況，而在出了狀況時如何回到軌道上，這時教練就必須有以下幾個基本的修煉，協助選手回到軌道：

1. 能量要高
2. 耐心要夠
3. 觀察要敏銳
4. 提問的方向要正確
5. 肯定的字句要正面

　　當教練與選手透過對話產生深度的了解之後，自然會產生信任。有了信任，才是當教練的開始。記著，當好一位教練是一輩子的修煉，只有永遠的學習，沒有最後的結束。接下來，我將為讀者介紹，我指導過幾位表現優秀的選手的故事，希望能對您的職場發展有所啟示與幫助。

管語錄

一、教練不是讓一個人的缺點暴露出來，而是讓一個人的優點被引出來。

二、一個好的教練，會讓一個好的選手學會除了把自己最好的一面表現出來，也會懂得去欣賞別人的優點。

三、欣賞別人的優點，會成為自己的助力；肯定自己的優點，會讓自己增強實力。

四、有了信任，才是當教練的開始。

五、當好一位教練是一輩子的修煉，只有永遠的學習，沒有最後的結束。

美國紐約人壽17個月美西業務冠軍——Luke的紀律

我認為實現人生的任何一個夢想，紀律是首要條件。有紀律的人，不會怨天尤人、不會怪罪於外、不會找理由及藉口、不會唉聲嘆氣，更不會歸咎於宿命。

　　美國NBA職業籃球隊的教練薪水都沒有首席球員薪水高，因為唯有選手成就高，教練才能水漲船高，所以我期許我的學員每個人的成就都比我高！

　　十八年來從事Coach諮詢工作，董天路Luke是一位令我相當佩服的學員，當然他的傑出成就也驗證我一直抱持的教練的責任，就是點燃學員潛能「蒼焰」的理念。

　　今天，我之所以可以成為一位金牌教練，完全是因為我擁有許多奪得金牌的傑出選手，而Luke不僅是位金牌選手，他現在也在美國成為一位金融理財界的「金牌教練」。（見本書彩照m）

傲人的成績

　　1994年，前往美國發展的Luke，在五年內不僅拿到兩個碩士學位、四張專業金融證照，而且即使沒有任何人脈、背景，他仍在美國紐約人壽創下2001和2002年連續六季個人季業績冠軍、2003年紐約人壽全美四百位經理級主管排名第三名的榮耀、2004和2005連續兩年美國紐約人壽美西業務經理招聘冠軍。目前，Luke在美國成立Foundation Training機構（http://www.luketung.com），提供證照考試、教育訓練、金融壽險及投資基金四大服務，更以成為金融理財界的金牌教練自居，希望能幫助更多想投入金融理財界的朋友奪得金牌。

你有多要求自己？

　　十多年來與Luke持續互動，我歸納分析Luke在美國奮鬥十多年的四大成功關鍵：

　　第一個成功的關鍵是「紀律」。為什麼紀律如此重要？我的解讀是，一個成功者之所以成功，首要的關鍵在於要求自己的程度。一個懂得自我要求的人，就是紀律的具體表現。

　　第二個成功的關鍵是「行動」。Luke提到所謂的「行動」分為兩種，一種是白天的行動，指面對別人的行動；另一種則是晚上的行動，來自於面對自己。兩種行動彼此之間息息相關，但大多數人只注意到白天的行動，也就是只面對別人；

而只有少數真正的成功者，才會注意到如何面對自己。

　　在面對自己的時候，Luke一直沿用過去我教的方式，也就是習慣在前一天晚上，將所有隔天該做而且重要的事情，利用白紙黑字逐條寫下，並做好完整且清楚的安排與規劃。這個方法我在十多年前教他至今，他始終如一地持續執行。這樣的行動法則，就是完全落實他的第一個成功關鍵「紀律」。至於白天面對人的行動，他則積極地透過五種傳達「愛」的方式，讓周圍的人都能感受到他真誠的愛，包括：

　　1. 言語上的肯定

　　2. 適時贈送禮物

　　3. 提供他人所需要的服務

　　4. 創造有品質的相處時間

　　5. 友善的肢體接觸等

　　他很用心的將這五種愛的方式，運用到他所面對的人，這使得Luke在工作上，處處顯現令人印象深刻及與眾不同之處。

領導人最重要的無形資產

　　第三個成功的關鍵，在於建立正確的核心價值。在家庭生活裡，Luke常常提醒大家學習重視，以及當配偶、父母，他甚至直指，重視配偶應該優先於孩子。

　　Luke之前在美國的紐約人壽保險公司南加州Fulltion分公

司當分公司經理時，曾帶領不同國家的業務夥伴。每位新進的業務新人，都會被Luke邀請到家裡作客，讓他的夥伴看到他是如何重視家人，以及他是如何與家人相處。這些讓Luke的夥伴深入了解自己即將追隨的是一位什麼樣的主管。正確的核心價值觀是一位領導人非常重要的無形資產。

第四個成功關鍵，是建立生命中的教練團。一個人要真正的成功，他需要有生命中的教練群，而且不是只有一個，因為不同的教練所擅長的不盡相同。有的是在技巧上，有的是在知識上，有的是在信仰上。我很榮幸的在Luke追求生命成功的過程當中，指導他一些如何達到成功的有效方法。他的小舅子，是美國普林斯頓大學工業工程的博士，在思考邏輯推理上，就成為他觀念釐清的教練；他有一位教會的牧師，則在他信仰的路上，不斷地用智慧的言語提醒他。

以上四個Luke的成功關鍵，是我從這位優秀的選手身上感受、領悟到的。不是我會教，而是他很懂得學以致用，進而學以致富，當然這裡所提到的「富」是「三財一生」所要追求的身心靈與物質並存的富有。

成功致富的Know-how

這十八年來，有不少學員是透過學員或朋友的介紹來登門拜師，希望能夠尋得成功致富的know how。我也很清楚，我存在的價值就是我的經驗、我的知識、我的領悟，甚至是與學員

對話時當下靈光乍現的個別指點。

　　其實，學員之所以會成功最重要的關鍵在於，他願意接受生命每一個階段的考驗與挑戰。我相信每一個當下生命的試煉，就是在驗收每一個人紀律的程度。有紀律與無紀律之間的差異，就在於外來狀況發生的時候，缺乏紀律的人很容易怪罪於外，懂得紀律的人學會捫心自問，反求諸己。

　　Luke，是一位懂得反求諸己的人。這點我要特別強調，因為這個關鍵可以區分出一個人到底是人才，還是將才。人才靠努力，將才靠紀律。試問讀者，你要當人才，還是要當將才？

簡單卻被忽略的智慧

　　如果有一個習慣一定要培養，我由衷的推薦，養成「紀律」的習慣是首要的關鍵。我認為要實現人生的任何一個夢想，紀律是首要條件。

　　有紀律的人，不會怨天尤人、不會怪罪於外、不會找理由及藉口、不會唉聲嘆氣，更不會歸咎於宿命。這樣的人，他永遠在尋找答案、做好準備、懂得提醒自己、專注投入，甚至樂在其中。也許對絕大多數的人，覺得枯燥無味的事情，他卻會從中尋找出意義，創造出樂趣。

　　平庸與不平凡之間的差異，就在於不平凡的人，會透過紀律，預見到未來一條屬於成功的道路。在眾人不清不楚的情況之下，他已經擁有真知灼見，並且邁步向前。

　　我相信一位能夠持續成長、不斷自我超越的人，內心深處
肯定有一股源源不絕的驅動力，促使他面對任何挑戰都能迎刃
而解；同時也會在問題裡找到機會，在面臨危機時創造轉機。
在我過去這十八年培訓諮詢的生涯裡，透過與學員對話，讓我
學習到許多早已知道，其實很簡單，但常常會忽略掉的智慧，
比如耐心、傾聽、專注、發問、欣賞、讚美、肯定、感激等
等，然而看到Luke經過十年持續大幅度的成長，令我深刻感受
到其實最重要的成功智慧是「紀律」。

管語錄

一、一個成功者之所以成功，首要的關鍵在於要求
　　自己的程度。

二、大多數人只注意到如何面對別人，只有少數真
　　正的成功者，才注意到如何面對自己。

三、成功最重要的關鍵在於，他願意接受生命每一
　　個階段的考驗與挑戰。

四、在問題裡找到機會，在面臨危機時創造轉機。

南征北討的學習──好學的文玉

模仿不是最好的學習，唯有把自己最好的一面表現出來，那才是向一個人學習的最高境界。

　　生命就像一棵樹，需要適當的陽光、空氣、水。有足夠的陽光、空氣、水，樹才能成長及開花結果，在職場上，如果要充滿活力，同樣也需要三種重要的元素：

　　1.陽光──熱情

　　2.空氣──親切

　　3.水──好學

　　一位好學的人就如同擁有一座茂盛森林般的實力。

兼具財富與時間的行業

　　2004年，我到台南做一場「出神入化的成交技巧」演講分享。演講結束後，一位參加者主動問我，是否需要載我一程。那時我對這位陌生人的舉動深感驚訝，但還是友善地說：「我要到高雄。」對方回我：「恰巧，我就是從高雄來。」這位熱

情互動的人就是劉文玉醫師。（見本書彩頁n）

　　從台南至高雄的路上，我坐在劉醫師那輛極具安全感的Volvo休旅車上，他親切的問我許多有關學習方面的問題。我好奇的問他：「你本身是位醫生，應該很忙碌，怎麼會想把這麼寶貴的時間撥出來，從高雄到台南來聽演講？」他告訴我，他跟太太韓惠娟都是小兒科醫師，在高雄林園鄉開小兒科診所，原本想安穩工作、生活過日子就可以了，但是有一天，有位來診所應徵的藥劑師——章安淇小姐，意外的向他推薦——Herbalife賀寶芙。他突然發現，原來有一種工作的形態是既可以創造財富，又可以擁有時間上的自由。

南征北討的學習

　　這對劉氏夫婦是一個莫大的震撼，他們於是開始重新有計畫的安排自己的職業生涯。一方面，他們夫婦倆輪流負責診所看診的時間，而不再是一間診所兩個醫師同時耗在裡面，另一方面，他們也開始應徵駐診醫師，這樣他們才有更多時間去接觸不同領域的人，和不同形態的學習活動以豐富自己，並去尋找更多、更棒的事業夥伴。

　　聽完劉醫師的話，我也才恍然大悟，為什麼會有專業的醫師願意花時間來聽我的演講，後來劉醫師更主動對我說，有什麼好的學習活動，不要忘了通知他。

　　在我個人的印象中，只要是「師」字輩者，都比較少在公開的大眾演講場合遇到，譬如建築師、會計師、律師，甚至是醫師，因為這些專業人士真的太忙了，更難得的是劉文玉醫師給我的印象，就像海綿一樣，只要是跟成長有關的學習主題，他都非常樂意去參與；甚至劉醫師的太太——惠娟在台北演講時，都還特別請我到會場，希望我能夠在聽完她的演講後，給予她適當的指導，看是否有地方需要改進。

　　這種好學的態度，是我從事十多年的訓練諮詢過程中鮮少碰見的，我被他們夫妻的學習態度深深感動了。

表現最好的自己

　　從認識劉醫師到現在，我一直都感受到劉醫師的學習態度很謙虛，他不會因為自己是醫生的身分就自滿。劉醫師曾與我分享，有一位非常知名，年紀已經75歲的專業講師吉米‧羅恩（Jim Rohn），這位講師同時是當今世界第一名的激勵大師——安東尼羅賓的老師。

　　劉醫師為了要學習吉米‧羅恩的菁華，他上網查吉米‧羅恩的網站，透過網路，訂購了近六百美金的學習DVD與CD。劉醫師並與我分享在DVD裡，吉米羅恩非常推崇的另外一位激勵大師——金克拉（Zig Zigler），其中有一段分享非常精采，原來亞洲曾經有一位講師David Goa，一直在模仿金克拉的演

講及穿著，模仿得唯妙唯肖，甚至連手勢都一樣。

後來金克拉卻建議David Goa，你只要表現自己，不一定要模仿我，因為每個人都有自己的風格。意思是，模仿不是最好的學習，唯有反求諸己，把自己最好的一面表現出來，那才是向一個人學習的最高境界，這就是「反璞歸真」，也就是這麼一個建議，啟發了David Goa開創屬於自己的演講事業的藍海。

成為下一位Top

劉醫師的學習態度讓我有很深刻的感觸。多年來，我教出幾個不同行業的頂尖學生，但並不是我會教，而是他們的學習態度都很好。例如：董天路——美國紐約人壽連續十七個月保持美西業務冠軍紀錄；高聖芬——美商玫琳凱化妝品台灣分公司第一名、連續十七年台灣總業績冠軍保持人；李惠鈴——台灣ING安泰人壽2005—2006年唯一連續兩年TOT（Top Of Table）；羅麗芬——羅麗芬美容機構總裁，海峽兩岸兩千家美容連鎖機構負責人；王文杞——帝亨建設總經理，從負債八百萬到淨資產一億五千萬的實踐者。

我觀察這幾位優秀的學生，發現他們都與劉醫師一樣，不僅能力一流，學習態度更是無話可說。試問讀者們，你們擁有這種學習態度嗎？

　　我記得我剛出道時，也是在摸索如何當一位好教練。曾經有段時間，我陷入低潮期，我問自己到底有什麼方法可以幫助學生成長，才能協助他們創造高績效和最好的表現？正當困頓的時候，有天早上我翻開報紙，看到一則廣告，其中有一段廣告詞解開我當教練的疑惑，這段話是這樣敘述的：佛偈「釋迦牟尼向弟子開示時的話語」：

　　法本法無法

　　無法法亦法

　　今復無法時

　　法法何曾法

　　我當時看完之後恍然大悟，我已找到最好的教學方法。請問讀者們，你看得懂這幾句話的涵意嗎？看不懂，請你問我；看得懂，還是請你要問我。

　　因為我有把握，用最好的方法，讓你成為最Top。希望你看完這篇文章後，擁有和陽光一樣的熱情，具備空氣般的親切，有如活水般的好學，在職場上充滿魅力與活力，如果你能做到，我相信下一位Top就是你。

管語錄

一、在職場上，如果要充滿活力，需要三種元素：
   1. 熱情
   2. 親切
   3. 好學
二、一個人只要表現自己，不一定要模仿別人，因為每個
   人都有自己的風格。
三、用最好的方法，讓自己成為最Top。

衝上業務顛峰——志皇的堅持

大家都覺得做業務就是要賺錢，所以只要拿到業務的名片，就會有防備心。志皇清楚這一點，所以他先服務，不談業務，他唯一要做的就是設身處地去做每一件他能夠為對方做的事。

邁向事業的巔峰到底要花費多少時間及投注多少心力？這是所有目前正在朝目標前進的朋友都會時時刻刻反覆問自己的話。「到底什麼時候我才能站在台上？」我非常喜歡《牧羊少年奇幻之旅》這本追尋夢想的寓言故事書中的一段話：「當你有一個夢想是你衷心期盼而且渴望實現時，那麼全宇宙會聯合所有的力量來幫助你。」不過，關鍵在於你要有追尋夢想的堅持，並持續努力直到成功的那一刻。（見本書彩頁o）

熱愛學習

在我早期Coach的學生當中，謝志皇是在我的行動辦公室「主婦之店」互動的學生之一，即使台北東區敦化南路與忠孝

東路口附近的主婦之店已不復在，但一切恍如昨日。

　　我依然記得那是晴朗的早上十一點，志皇才剛退伍。一對一與他面談時，我看著理平頭的他，一個初入社會，乳臭未乾的年輕人，正要展開他的事業。我請他寫下他未來人生五年即將面對的挑戰，而我就是可以協助他面對這些挑戰的金牌教練。一心渴望成功的志皇，雖然沒什麼錢，但是就有辦法湊出三萬塊錢，找我當他的教練，成為我的學生至今。

　　立「志」要成功的他，經過八年的努力，終於「皇」天不負苦心人，衝上他所從事的業務領域的巔峰。各行各業都有人達到業務的Top，但我為什麼要特別介紹志皇的奮鬥過程？有幾個原因：

　　1. 在他二十四歲一退伍時就投入他所從事的行業──美兆健診。

　　2. 十年來，他從未轉換跑道，做其他的行業。

　　3. 他始終很清楚，持續保持學習，是成功的主要關鍵。

　　近十年來，我看著志皇成家立業，五子登科，他對他的目標始終堅持如一，並熱愛學習。

　　我歸納出志皇幾個成功的關鍵，這些來自於我教他的幾個要訣，志皇不但朗朗上口，還靈活運用在他的事業上。要訣如下：

　　一、建立能力的七個層次

第一個層次：用心學習

第二個層次：改進缺點

第三個層次：發揮才華

第四個層次：建立關係

第五個層次：累積財富

第六個層次：具影響力

第七個層次：心想事成

對選擇堅持到底

我問志皇為什麼我當時的分享對他的影響會那麼大。他說：「曾經在努力的過程中，有很多其他的賺錢機會來找我。但是在評估後，我仍然堅持原有的選擇。」其中的關鍵就在於志皇很清楚，他要賺的不是短暫的利益，而是長期永續的收入。所以不論遇到任何狀況，他都會以能力的七個層次來檢驗。

每個人都想要「心想事成」，但是「心想事成」並不是一蹴可幾的，它要經過用心學習、改進缺點、發揮才華、建立關係、累積財富，以及發揮影響力才能累積而成。

因此，志皇以能力的七個層次檢視自己，也讓他了解「做一行要像一行」，而不是樣樣通、樣樣鬆。有了這樣的體認，志皇也就不容易隨便改變。而有了這樣的思想基礎之後，就會

進入到當時我與他分享的第二個成功的關鍵。

二、相信夢想會實現，直到夢想它實現

志皇很清楚的告訴我，信念可以創造價值。一個好的信念可以創造無窮的價值，志皇自己也領悟到，想要夢想實現，就得不斷做應該做的事情。或許有人會問：「有沒有比較簡單的路可以走？」其實是有的，那就是失敗的路。什麼是失敗的路？就是：

1. 粗心大意

2. 不懂改進

3. 浪費才華

4. 過河拆橋

5. 只會血拼

6. 受人擺佈

7. 一事無成

以上這七個比較簡單的路，剛好就是「建立能力的七個層次」的相反。讀者有察覺到嗎？

三、人與人之間最大的差別是在脖子以上的「腦袋」

志皇特別提到的第三個重點，就是我曾提醒他的：「人與人之間最大的差別是在脖子以上。」他也與我分享，他寧可口袋空空，也不要腦袋空空。他認為人要懂得投資在脖子以上。

先服務，不談業務

　　為了要兼顧「業務」與「學習」，志皇主動參加學習型社團。其實在任何一個社交場合，只要名片一遞出來，彼此雙方都會心知肚明。大家都覺得做業務就是要賺對方的錢，所以只要一拿到做業務的人的名片，自然就會有防備心。

　　志皇非常清楚這一點，所以他先服務，不談業務，除非對方啟齒，否則他絕不開口，他唯一要做的就是設身處地去做每一件他能夠為對方做的事，例如為周遭的人提供資訊、舉手之勞、主動聯繫、帶動氣氛……古人說：「人在做，天在看。」其實，人在做，別人也在看。志皇最後一語道破：「做好服務，就是最好的業務。」

　　綜觀我諮詢學生十八年來得到的心得是：舉凡是人，通常就有七個層次的需求，包括：

1. 被了解
2. 被尊重
3. 被重視
4. 被服務
5. 被滿足
6. 被感動
7. 被驚喜

客戶真正買的不只是產品本身，而是需求的滿足。志皇在

滿足他的客戶需求方面，做得很扎實。

　　志皇認為，他經營的不是某一家公司的商品，而是經營謝志皇的通路；在他的客戶心目中，謝志皇這三個字等於信任，其實被信任是一個人最大的「無形財富」。我這位學生謝志皇，他不僅僅是知道，而且做到。

　　在我與志皇將近十年的互動裡，我觀察到每堂課，志皇都很認真學習。我看著志皇成長，而每一次他晉升，他也會知會我，邀請我擔任他的貴賓。當志皇上台接受表揚，我在台下為他鼓掌。志皇是我的選手，我是他的教練。看著志皇成家、立業、事業有成，我也與有榮焉！

毅力是王道

　　十多年來，我每隔一段時間，就會被選手邀請去參加他們上台領獎的場合。別人是拿獎牌來寫日記，我是拍著掌聲寫回憶。有時候我不禁思考，到底我教了些什麼，才能夠讓學生有所改變、有所進步、有所成就，並達到每一階段的成功、達成每一階段的夢想？我認為其中一個很重要的關鍵，就是我不斷提醒選手，「堅持的毅力」比什麼能力都還重要！

　　有能力的人不一定會成功，但是成功人士普遍都具備毅力。試問讀者，在你從事的行業裡，你是否有足夠的毅力呢？你是否覺得毅力很重要呢？而到底毅力要怎麼培養呢？

　　我的領悟是毅力來自於決心，決心來自於使命。有使命感的人，通常毅力非常堅定。因為他很清楚他所做的每一件事情，都帶著使命。相對的，容易放棄的人，往往也就沒有什麼使命感。見風轉舵、知難而退、半途而廢，都不是被能力打敗，而是被缺乏使命給擊退。

　　這十多年來，我諮詢過上千位學員，但並不是每一位學生都很成功，不過這上千多個個案，總是清楚的提醒我失敗的原因在哪裡，成功的關鍵又是什麼。在業務界流傳這麼一句話：「No Mission No Commission！」意思是：「沒有使命，哪來的佣金！」

　　我在授課時領悟到面對客戶要懂得創造七種感覺：

　　　　1.「使命感」來自於「幫助客戶」

　　　　2.「責任感」來自於「對愛負責」

　　　　3.「安全感」來自於「腳踏實地」

　　　　4.「成就感」來自於「完成任務」

　　　　5.「節奏感」來自於「熟能生巧」

　　　　6.「幽默感」來自於「輕鬆自在」

　　　　7.「幸福感」來自於「珍惜所愛」

　　我相信我所指導的志皇經過十年努力，在他的客戶與夥伴面前，這七種感覺，他已經能夠自然流露，無須作假，如果要長期裝出這七種感覺也滿辛苦的。

　　我有位從事製造業的叔叔，曾經在我剛踏進社會時親口告訴我：「在這個社會上，真的假不了，假的真不了！」俗話說：「真金不怕火煉！」我認為：「堅持不怕時間考驗！」在此由衷的鼓勵讀者，做一個懂得堅持的人，無須做一個什麼都懂、什麼都會的人。

管語錄

一、「做一行要像一行」，而不是樣樣通、樣樣鬆。

二、人與人之間最大的差別是在脖子以上的「腦袋」。

三、被信任是一個人最大的「無形財富」。

四、有能力的人不一定會成功，但是成功人士普遍都具備毅力。

五、毅力來自於決心，決心來自於使命。

a. 你的想像力有多大，未來就有多美好， 用筆畫下你瑰麗的夢想吧！ 張筠琪提供

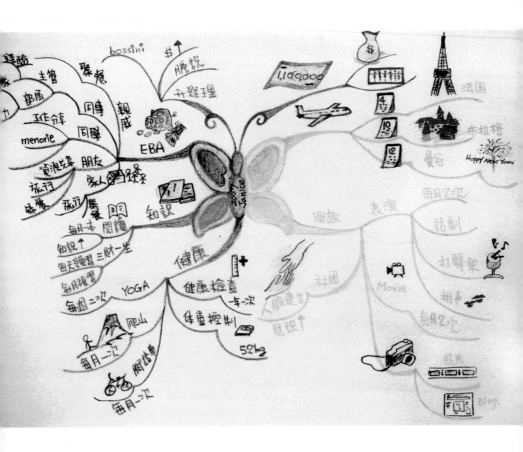

b.《藍海策略》新書發表暨簽名會。地點為北京。

c. 管家賢與《藍海策略》一書作者及李紹唐（右二）的合照。地點為北京。

d. 吃出智慧與機會。（由左至右爲陳安之、江南春、李紹唐及管家賢。）

f. 管家賢與亦師亦友的李紹唐共進晚餐。地點爲上海。

e. 透過聚餐，彼此成爲貴人。（由左至右爲管家賢、李紹唐、呂珍儀及王克寧。地點爲台北。）

g. 擅於激勵學員潛能的金牌教練管家賢，演講會場往往座無虛席。

h. 如何同時健康、快樂又有錢？金牌教練管家賢一一剖析。

i. 把握機會與他人用餐，以吸收新知與結識貴人。（由左至右為謝金河、陳安之、管家賢。地點為台北。）

j. 充滿收穫的一場下午茶。（由左至右為管家賢、李紹唐、陳安之。地點為台北。2006/3/4）

k. 讀書會雖然被同業笑說做虧本生意，但為了幫助學員，管家賢仍然每個月經營超大型讀書會。（2005/8/19

l. 由《今周刊》所主辦的「兩岸三地1000大」研討會會場。（由左至右為謝金河、管家賢、李紹唐。）

n. 文玉非常好學，只要與成長有關的主題，他都樂易參與。

m. Luke自我要求的紀律，帶來傲人的成功。

o. 堅持選擇，永不放棄，是志皇成功的關鍵。

p. 聖芬認為熱情可以鍛鍊，如果一個人充滿熱情，那麼將很難被打倒。

q. 文杞的積極不只是一種態度，更是一種具體的行動。

玫琳凱台灣總業績17年 冠軍保持人──聖芬的熱情

十八年來，我不知聽了多少學生告訴我：他學歷不好、家庭背景不好、資質不好，不過我的回答，往往令學生大驚失色：「恭喜你，你所沒有的，都不是最重要的！因為最重要的都不是這些東西，而是你的意願！」

「如果失去了金錢，你也許會難過，不過沒關係，錢可以再賺，可是如果失去了愛，那會比失去錢更難過，不過也沒關係，我們可以去學習愛別人，去尋找更美的愛。但是如果失去熱情和勇氣，那將是失去了一切。」 這段話，是來自於美商玫琳凱化妝品公司已故的創辦人艾施女士的經典名言。然而透過全台灣玫琳凱公司業績第一紀錄保持人高聖芬的口中轉述，依然讓人印象深刻、感同身受。（見本書彩頁p）

請問讀者：「你想要實現、擁有、完成什麼目標呢？」不論如何，熱誠的推薦你，具備「熱情」是達成任何目標的關鍵因素之一！

1997年高聖芬開始接受我的諮詢服務，在十年來的互動過

程裡，我深深感受到她生命中的熱情。我歸納出幾點聖芬告訴我的重點：

1. 熱情的具體表現就是投入一個你所熱愛的工作。

熱愛的工作如何去定義呢？聖芬告訴我，就是「願意在工作上無條件的付出！那麼你的收入將會無可限量！」聖芬原本是一個很單純的家庭主婦，後來因為她女兒的幼稚園老師詹明娟小姐介紹，因而接觸了玫琳凱。

外在條件不是阻礙

一開始，聖芬說她自己：1. 姿色平庸，2. 沒有人脈，3. 口才不好。當時也沒有人看好聖芬能將玫琳凱做好，但是聖芬並沒有將這些欠缺的外在條件當作是障礙，她反而向內尋找內心深處的一股力量，這股力量幫助她去實現、完成許多人無法達成的目標。我想請問讀者，如果這股力量叫作熱情，能夠幫助你在十七年內換來一億四千五百萬的收入，以及被招待旅遊超過四十趟，玩遍全世界，那麼，你想要擁有這股熱情嗎？

2. 業務工作不只是銷售產品，而是影響他人，讓他看到自己的價值。

聖芬說：「唯有想到他人的好處時，自己才會有熱情。當事情完成時，自己才會有滿足感！但如果只是為了自己，那就不叫熱情，那叫作『得失心』。」她也提到：「生命真正的價

值在幫助、影響他人的生命。當然，前提是要對自己有信心。」信心從哪兒來？聖芬告訴我：「信心，來自於你的信仰！」由於聖芬是一位虔誠的基督徒，信仰帶給她非常大的力量。透過信仰，聖芬學會讚美、鼓勵、愛、關懷他人。簡而言之，就是信仰、力量、行動、成果。

聖芬特別希望我將一個觀念分享給讀者。她說：「這個與熱情有非常大的關係。那就是我的所作所為都是為了『榮神益人』（就是榮耀神、幫助人的意思）。」投入一個事業十七年來，聖芬告訴我，她已經擁有太多太多了，但是她依然持續認真、投入，去服務每一位她所能接觸的客戶與夥伴。

她認為人活著不只是抓住擁有的，更需要透過實力與能力，不斷的創造與開發。如果有什麼是聖芬現在最想要做的，那就是發揮影響力。因為人活著不僅僅是要物質的品質，更要有心靈的品質。她也提到：「懂得給予會有喜悅！有了財富還願意做更多的付出，那更是需要智慧！」

工作的理由

3. 只要有熱情，生命就會充滿驚喜。

到今天，聖芬已經不是為了錢而工作，反而是她心存感激，因為有一個她所熱愛的工作，讓她的生命更加有意義，也更有重心。

　　由於聖芬的孩子都漸漸長大了，雖然在一起的時間少，但是在一起的時候，更讓聖芬格外珍惜相處的時刻，所以與先生、孩子的互動品質反而提高了。

　　我問聖芬：「十七年前，妳會知道今天有這樣人人稱羨的成果嗎？家庭幸福！事業有成！玩遍全世界！」她搖著頭，笑著告訴我：「一開始，我完全不知道！」但是聖芬很清楚，她所從事的行業是「美的橋梁」，是「讓女人看到自己價值」的工作。這些想法，聖芬自始至終從來都沒有懷疑過。

　　4、鍛鍊你的熱情。

　　從一開始認識聖芬至今十一年了，聖芬的臉上永遠帶著微笑，聖芬與人對談的時候，眼神永遠是那麼專注。聖芬的表達方式一直都很誠懇。

　　我從來沒有問過聖芬，她給人的這些感覺到底是真的，還是假的？但是我相信，每當聖芬在面對別人前，其實她已經在鏡子前演練無數遍。我相信熱情是可以鍛鍊出來的，這與能力無關，而與意願有關。

正面的鼓勵自己

　　這十八年來，我不知聽了多少學生告訴我：他學歷不好、家庭背景不好、資質不好，幾乎可以這麼說，什麼都不好，不過我的回答，往往令學生大驚失色：「恭喜你，你所沒有的，都不是最重要的！因為最重要的都不是這些東西，而是你的意

願！」我也常常問學生，你願不願意為你的未來，做最佳的準備，盡最大的努力？人不可以老是一直活在過去！雖然「天下無難事，只怕有心人」是老生常談，但這的確是事實。

　　我不斷地聽到聖芬說：「這是一個很好的挑戰！」「這真是太棒了！」「這是一個很好的學習機會！」等等，我發現在聖芬的表達字眼裡沒有所謂的困難。換言之，鍛鍊一個人的熱情，就是要從他的用字遣詞當中，每天重複運用正面的字眼來自我練習。也就是，重複正面的字眼會造就一個人卓越的行為。所以，請讀者開始注意自己所表達的字眼。有時候，改變就是從這裡開始。

　　5. 這一切都是「因為妳值得」。

　　2000年，我推薦聖芬給皇冠集團的平安出版社，幫她出版《因為妳值得》一書，這本書對她的幫助非常深遠。從2001年1月出版這本書到現在，有許多人因為看了這本書而認識她，看完這本書的文章才了解她這個人，進而成為她的朋友、成為她的客戶、成為她的事業夥伴。聖芬告訴我，透過這本書的出版與分享，她的內心充滿著滿滿的愛。

熱情是上天給的財富

　　聖芬一直感謝我，當時將她推薦給皇冠集團的社長平雲先生，以協助她出版這本書。這份謝意，讓我這個當教練的感到與有榮焉。我沒想到幫助了一個人順利出書，卻間接的幫助到

更多的人。我想，這也是一種熱情吧！（七年後，當時平安出版社的總編輯朱亞君小姐，現任寶瓶文化社長，也成為出版《三財一生──金牌教練教你同時健康、快樂又有錢》這本書的重要推手。真是上天安排的機緣巧合。）

　　親愛的讀者，熱情對於聖芬幫助這麼大，你是否開始覺醒？讓自己的生命天天充滿熱情！我自始至終認為，熱情是上帝給予人們一種隱藏的財富。人要學會發現、運用這股熱情，那將是一輩子的福氣。

　　祝福讀者每天善用與生俱來的熱情，做好每一件好事情。

管語錄

一、具備「熱情」是達成任何目標的關鍵因素之一！

二、熱情是可以鍛鍊出來的，這與能力無關，而與意願有關。

三、重複正面的字眼會造就一個人卓越的行為。

四、熱情是上帝給予人們一種隱藏的財富。人要學會發現、運用這股熱情，那將是一輩子的福氣。

從負債八百萬到淨資產一億五千萬——文杞的積極

文杞告訴我，當時他一點也積極不起來，只是每天想著如何把錢要回來，雖然他朋友已經捲款潛逃，他卻心有未甘，他不斷疑惑著：「我這麼相信朋友，為什麼朋友這樣對待我？」

就像賽車比賽一樣，起跑前引擎發動，加足馬力，隨時等待踩下油門的一瞬間，槍聲響起時則要全力衝刺，直到終點，人生目標的達成亦是如此，也就是要擁有「積極」的態度，才能得到自己內心所渴望的成功。

我在此要與讀者分享的是2000年底開始諮詢、互動所認識的一位學生——王文杞，他是我所見過的學生裡最積極的一位，而他的積極從以下的描述即可體會。（見本書彩頁q）

令人好奇的行為

2004年11月19日，當時我任職行銷總監的實踐家培訓機構開了一門課——「Business & You」，我們邀請美國課程

的創辦人——David Neenan來台親自指導。在第一節課下課時，兩百位學生裡面，只有一位學員，就是文杞，在下課時主動向大家宣佈，煩請大家惠賜名片。文杞拿一個A4的信封袋，他站在教室門口，邀請每位學員惠賜名片。第二節下課時，文杞又做了同樣的動作。

當天文杞的助理，在中午十二點半，即到上課現場將他手上所有的名片帶回辦公室，並立刻輸入電腦檔案。文杞當天晚上十點半下課，他回到辦公室已經十一點，他的員工正在做最後的校稿。

第二天早上，當課程一開始，文杞已經將兩箱的通訊錄，一份份發給在場的同學，當場令大家印象深刻。一開始，大家都不清楚文杞在做什麼，後來才知道他是在服務大家。如果文杞沒有一個「積極」的態度，他是不會做這件事的。

事後，我跟文杞碰面、聊天，我問他：「為什麼你會那麼積極的做那件事？」他告訴我：「唯有積極的人，才能創造機會，掌握機會。」如果不主動的向大家蒐集名片，不知道要等到民國哪一年，才能蒐集到所有人的資料。」文杞微笑的告訴我：「人脈就等於錢脈，但人脈絕不會從天上掉下來。」由於文杞的工作是代書，他所從事的行業常常就是要解決人的問題，而且大部分都與錢有關，舉凡房屋買賣、土地交易、銀行貸款業務，甚至捐地、節稅。

拒絕當「受害者」

　　後來與文杞深入互動後，我才了解到，眼前這個積極的人，在1992年，也曾經因為一個錯誤的決策——借給朋友一千八百萬，而導致自己負債累累，他甚至過了半年消極的日子。而文杞在三十歲那一年，因為信任朋友，貪圖小利，卻虧了老本。我問他，那時候他怎麼熬過來的？文杞親口告訴我，當時他一點也積極不起來，只是每天想著如何把錢要回來，雖然他這位朋友已經捲款潛逃，他卻心有未甘，他的心裡老疑惑著：「我這麼相信朋友，為什麼朋友這樣對待我？」

　　事隔多年，文杞告訴我：「如果一個人有這種受害者的想法後，往往就積極不起來了。」我問他：「後來你怎麼走出來的？」他告訴我：「經過半年的自我折磨後，有一天早上醒過來後，我終於領悟到，與其怪罪捲款潛逃的朋友，不如反過頭來檢討自己，因為有一半是自己造成的。」於是文杞選擇對自己的行為負責，他覺得人跑掉就算了，錢再賺就有了。

改變形象，重新出發

　　文杞笑著告訴我，他馬上去買了三套西裝，他要改變形象，重新再來。那負債的八百萬怎麼賠呢？文杞擬出工作計畫，他認真、努力地賺錢，結果足足花了八年，才把債全部還清，沒想到在第九年，他就賺了兩千萬。我好奇的問他：「這

兩千萬怎麼賺的？」他說：「賺錢通常是當你準備好自己，加上一個適當的機會，失去的往往全部都會賺回來。」

文杞認為，當一個人所從事的行業，既能幫客戶省時、省時間，同時又趕得上潮流，那肯定是人人都需要的行業；而服務有錢的客戶，賺有錢人的錢，是他的成功關鍵。

我問他：「為什麼有錢人的錢願意讓你賺？」文杞舉個例子：有位地主想要找人合建，他很積極的將自己所從事的行業、與建商的關係，以及營造廠的資料全部準備好。當他見到地主時，他有憑有據的與地主談合作，他有把握，不論地主跟多少人談，他都相信自己會是地主最後的選擇，因為他說：「只要積極的用心準備，自然能讓對方感受到。」他還提到，做一億的生意，要賺兩百萬不難，但做兩百萬的生意，要賺一百萬就不是那麼簡單了。同樣是做專業的服務，交易金額的大小決定佣金收取多少。

積極的真正意義

當提到積極的時候，文杞特別告訴我：「積極是一個過程，也就是一切都從對自己負責開始，但什麼是結果呢？就是一開始要有明確的目標，因為設定了目標，才能夠積極得起來。」文杞又與我分享，當抱著積極的態度工作時，通常時間會過得特別快，效率也會特別高。

　　文杞小學六年級時，就與父母從南部北上打拼。三十三年前，文杞的父親只帶著一綑棉被和一千塊台幣到台北求發展，他看到父母為了養家活口，十分辛苦，所以文杞從高中就開始半工半讀，他到公司打工，也當家教，或在餐廳端盤子當小弟，他從來沒讓自己閒暇過，還沒有退伍，他就開始找工作。從文杞的身上，我看到他從來不會去等待機會發生，或許就是這種積極的人生態度，再加上來自於鄉下的純樸特質，使他在台北交到許多朋友。

活著就要快樂

　　經歷過人生的起伏後，文杞認為人活著，其實不是為了錢，人活著是要讓自己快樂，快樂才是人生真正追尋的目標。金錢只是一個工具，並不是活著的目的。所以能夠幫別人解決問題，是一種快樂，能夠學到新事物和方法，也是一種快樂，當然設定目標，完成目標，更是一種快樂。從文杞的身上我領悟到，有積極的人生觀才有快樂的權利，因為積極能夠帶來快樂。

　　你是否曾看到一個積極的人，永遠在準備自己，永遠在為下一個階段做最好的規劃？積極不是一個口號，積極是一種行動。試問讀者，你是一個積極的人嗎？如果你原來有一千萬存款，卻在一夕之間變成負債八百萬，你心裡會有什麼想法？而

如果你沒有遭逢逆境，是否更應該珍惜現在的資源，更積極的
去開創自己的人生？

　　積極到底要怎麼培養？我建議讀者，多聽一些有成就的
人，他們如何戰勝自己的故事，多看一些勵志的好書，多做一
些想法轉換的練習（從對事情的負面觀感轉換成正面的思
維）；因為積極不是學來的，積極是練習來的，只要你練習的
次數夠多，時間夠久，開創積極的人生，將成為你的權利，而
不是夢想。

管語錄

一、要擁有「積極」的態度，才能得到自己內心所渴望的
　　成功。

二、金錢只是一個工具，並不是活著的目的。

三、有積極的人生觀才有快樂的權利。

四、一個積極的人，永遠在準備自己，永遠在為下一個階
　　段做最好的規劃。

五、如何培養積極？多聽一些有成就的人，他們如何戰勝
　　自己的故事，多看一些勵志的好書，多做一些想法轉
　　換的練習。

Chapter 6　良師益友

主動尋找貴人

尋找貴人沒有什麼祕訣，就是主動、主動、再主動！因為貴人一般都很忙，不會等待被動的人。以我的個人經驗，主動是唯一的方法。

　　2005年4月16日近中午，我習慣性地來到位於台北市松江路93巷的「人文空間」複合式書店，例行地進行我每月的閱讀學習計畫。而我永遠記著這一天，因為從這天起，我的人生展開了一頁極具戲劇性的人生大戲──「貴人學」。

鼓起勇氣搭訕

　　我抬頭一望，瞧見坐在隔壁桌，當時任職中國甲骨文華東華西區董事總經理的李紹唐先生，我當下打開PDA，輸入「李紹唐」三字，按下搜尋鍵，不一會兒，有關我對於李紹唐先生的記事資料即映入眼簾，我迅速瞄一下後，趨前靠近。

　　「李先生，你好，這是我們第三次見面！」這樣的開場顯然讓李紹唐先生對於一個陌生人的搭訕覺得驚訝！

　　「我曾在2003年7月6日參加過由《天下雜誌》主辦、蔡詩萍主持、您擔任演講者，在福華文教會館的演講會，當時我

坐在第五排的位置，演講結束時，我與您第一次交換名片；
2004年6月1日，您的新書《勇敢去敲老闆的門》發表會，我是
最後一位拿書給您簽名的讀者。」我想這樣的開場白誰都會印
象深刻，李紹唐先生也當下就了解我是他的忠實粉絲！

　　「李先生，我是否有這個榮幸邀請您做一場對六百人的演
講，主題是：執行力？」我永遠記得李紹唐先生的回答：「我
們甲骨文業務團隊最強的就是執行力。找我演講這個主題，肯
定沒問題！我答應你。」當李紹唐先生允諾我的演講邀約，我
也展開了我的拜師之路。

結交良師益友

　　我一再地提醒許多朋友，師法的對象除了要專業外，一定
要有良好的品德。

　　李紹唐先生就是一位專業及品德兼具的良師，在專業上，
不管是他個人或其所帶領的企業團隊都不斷地在市場上屢創紀
錄，而在個人表現上，李紹唐先生自1989到 1998年，已經連
續十年成為IBM銷售百分百俱樂部的會員，這份紀錄至今在IBM
的全球華人還尚未有人打破；在團隊表現上，台灣甲骨文業務
自2000年在他的帶領之下，三年內賣出超過兩百套ERP資料庫
系統，每套系統超過一千萬台幣；在品德上，李紹唐先生長期
捐出版稅及演講所得，以關懷教育及弱勢團體的情操，讓每個

與他接觸、聽過他故事的人都感動不已，「賢能菁英讀書俱樂部」也是在他的建議下，為了幫助更多人透過閱讀學習而成立的。

李紹唐先生曾在多次公開演講中說道，人生有三次改變未來的機會：出生、婚姻以及結交良師益友。我們無法決定我們出生在什麼樣的家庭，而婚姻經營上則只擁有一半的決定權，但我們可以隨時選擇我們要交往的朋友，以及要師法何人。

我認為經營人脈，就像綁粽子一樣，要料好實在，再加上熟練，即可生意興隆了！

貴人在哪裡？

你也想處處有貴人相助，並擁有這項能幫助你一輩子的財富嗎？與你分享這三年來我與李紹唐先生親身互動經驗的心得，「貴人學」六步驟：

第一步，先當自己的貴人。

為何要先當自己的貴人？俗話說天助自助者，需要別人幫忙前先要幫自己，貴人顧名思義就是能幫你的人，如果貴人已經出現，但你還沒準備好，那麼貴人也不知道怎麼幫你。所謂準備好，就是要有自覺，人要有自覺，必須要：

1. 提升自己的能量
2. 調整自己的EQ

3. 給人愉悅的感覺

如此一來，貴人也會比較想幫你。

第二步，懂得辨識貴人。

辨識貴人有兩個基本標準：

1. 能力要看得見

2. 品德要做得到

有能力的貴人，你能夠學到東西；有品德的貴人，可以框正你的人格；如果能夠兩者兼具，那更好。向貴人學習的能力，最重要的一項就是解決問題的能力，如果貴人可以讓你靠近學習，那麼將會縮短你許多摸索的時間。至於品德，於公對社會是否有貢獻影響，於私就是個人操守、行為是否端正，這些都是評量一個貴人的基本標準。

第三步，主動尋找貴人。

貴人通常在哪裡？以上述的貴人標準比較容易在以下的三種場合找到貴人：

1. 演講活動的主講人

2. 課程研討會的同班同學

3. 商業社團的領導人

最起碼在這三種場合，你很容易找到樂於幫助別人的人，那麼這就是你的貴人。

主動、主動、再主動

　　尋找貴人沒有什麼祕訣，就是主動、主動、再主動！因為貴人一般都很忙，不會等待被動的人。以我的個人經驗，主動是唯一的方法。

　　第四步，服務並請教貴人。

　　當貴人出現時，正確的順序是先做好服務，再請教，因為做好服務，才能夠打開貴人的心門，那麼再請教貴人就順理成章。我常常提醒自己，也告誡學生，與人互動要積極，但不要心急，如果急著要請教，卻忘了了解對方的需要，通常得不到對你有幫助的答案。服務的要訣在於細心的觀察，了解對方的喜好，並投其所好。

　　第五步，創造機會給貴人。

　　其實貴人本身也需要有貴人！如果能夠幫貴人做到：

1. 給足面子

2. 創造裡子

　　也就是讓貴人面子、裡子皆有，那麼可能得到的回報，往往會出乎你所料，意即我們都希望得到貴人的相助，但是你真的無法預期貴人可以幫你多少，這也是貴人神奇的地方。

　　第六步，讓彼此成為貴人。

　　水幫魚，魚幫水是永遠不變的真理！到底是千里馬需要伯樂，還是伯樂需要千里馬？其實答案是彼此需要。如果貴人能

夠彼此幫忙，就像人抬人，抬上天一樣，所以有時候是你坐轎，有時候是你抬轎。

　　總而言之，在人生的每一段旅程，有福氣的人都有貴人相助。從先當自己的貴人開始就對了，其他的，順其自然就來了。

累積貴人存摺

　　最終，你必須要明瞭，可以幫助你達成目標者皆是「貴人」，不論是你的團隊夥伴、客戶或親朋好友。在你邁向目標的過程中，凡對你有益者，不論是實質的或是觀念的啟發，都可算是貴人，所以修習「貴人學」最重要的兩大原則是：

　　1. 主動去幫別人

　　2. 主動去幫別人時，更要主動去請教別人

　　貴人永遠不知道你要什麼，除非你告訴他或請教他。我常與朋友們分享我的「貴人學」心得，因為持續主動、熱情地互動，我也為自己找到一個值得學習的良師益友──前中國多普達CEO兼總裁的李紹唐先生。

　　《這一生，你為何而來》一書中提到如何敲開貴人的門，作者麥可‧雷伊認為：

　　1. 要有富足的心態

　　2. 要有所準備

　　思考你有什麼是未來可以請貴人來幫忙的。彷彿寫劇本般，你也可以寫一本專屬於你個人的貴人學，為自己鋪建一條跑道。

遠離負面思考的朋友

　　朋友要有所選擇，過去我們選擇交友的標準是友直、友諒、友多聞，但現在交朋友的原則，應該是：

1. 有經驗——腦袋
2. 有人脈——關係
3. 有實力——口袋

　　人生苦短，真的不要浪費時間在滿腦子負面的人身上，因為病毒是會傳染的，同樣的道理，負面情緒亦是，而且殺傷力更強。

　　當然，結交良師益友還是有方法的：

1. 有腦袋的人——你需要好學。
2. 有關係的人——你得是安全的，不會踐踏關係者。
3. 有口袋的人——你要有信用、講話不打折，所說等於所做。

　　總結好學、給人安全感、言行一致有信用者，才能交到良師益友。我常說，實現夢想要有環境，自己摸索最浪費時間，找人問最快。為自己找出生命中的貴人，以及找出你如何與貴

人相處互動的模式，再持續熱情地互動，你也能擁有專屬你自己的貴人存摺。

學習成為別人的貴人

在做每月行事曆計畫時，我也很推薦朋友們在每月寫下協助你健康（友健康）、快樂（友快樂）及財富（友財富）的三位貴人。如果某個人重複出現，他肯定是重要的，若有新增，則要恭喜你貴人不斷，長久累積下來，相信你也會是一位別人的貴人！

特別要提醒的是，對一個人的幫助，不要只是喊口號，而是要持續實質地付出！我建議可針對每一位朋友的健康、快樂、金錢這三個方向長期互動，那麼貴人就會在你身邊！

最後，與大家分享李紹唐先生在2006年與我用手機簡訊互動時的提醒：

愛情一陣子，夫妻一輩子。

做官一張紙，做人一輩子。

金錢一張紙，健康一輩子。

榮譽一張紙，朋友一輩子。

我也祝福大家擁有「健康、快樂、金錢」一輩子！

管語錄

一、師法的對象除了要專業外，一定要有良好的品德。

二、如果貴人已經出現，但你還沒準備好，那麼貴人也不
　　知道怎麼幫你。

三、貴人永遠不知道你要什麼，除非你告訴他或請教他。

四、人生苦短，真的不要浪費時間在滿腦子負面的人身
　　上，因為病毒是會傳染的，同樣的道理，負面情緒亦
　　是，而且殺傷力更強。

成功新顯學——人脈經營

過去，伯樂在找千里馬，在二十一世紀，如果你覺得自
己是千里馬，就要主動積極地去找伯樂。

　　進入社會工作後，大家常喊人脈等於錢脈，以藉此突顯人
脈經營的重要性，但這卻也是學校沒有教到的功課。過去中國
人的社會保守又內斂，人脈經營總是做而不談，隨著網路世界
來臨，世界是平的，人與人互動的關係也呈現扁平化，「人脈
學」隨著數位科技工具的加溫而加速，除了賦予新意，儼然也
成為一堂人人進入社會大學必修之顯學。

　　很多人問我Coach的強項為何，人脈經營其實是我最為人
所知的強項之一，因為我不僅會教，甚至因為知道箇中經營的
祕訣，加以運用在我的生活及工作上而事半功倍、如魚得水，
最重要的是我總是毫不掩飾地把我的人脈經營之道以及我與朋
友精采的互動過程，變成我的教材，運用示範的方式讓學員們
更能體會我所要傳達的想法及做法。

　　2003年，我接受邀約到北京做一場八百人的演講「人脈經
營的藝術」，演講的精采內容簡報檔經過有心人的記錄及重製

後，輾轉在網路上流傳到許多人手上，甚至有一天偶遇一位台積電的朋友告訴我，聽聞我大名很久了，因為許多台積電的主管都有這套「人脈經營的藝術」的簡報檔，無形中也幫助我在科技業累積了些許知名度。

人脈經營像綁綜子

過去，伯樂在找千里馬，在二十一世紀，如果你覺得自己是千里馬，就要主動積極地去找伯樂。一位長輩告訴我，人脈的經營就像綁粽子，如果你隨時在綁粽子，肚子餓時就可以吃了。

關於人脈經營，我最大的心得是，與人相處感覺對，做什麼無所謂；感覺不對，接下來有可能都是誤會。所以在研習這堂課程時，常會提醒大家：學到東西叫準備，建立關係是機會，若要不斷有機會，就要時時做準備，這也是我為人所知的「管子曰」語錄。

以下是彙整我十多年來經營人脈的心得，成為十大語錄，與各位分享：

1.大多數業務推銷之所以失敗的原因不在於不懂推銷，而是因為不知道如何拓展人脈。

2.與人相處要給人兩種感覺：一是乍見之歡，二是久處之樂。

3. 建立人脈，不在於跟對方已有什麼關係，而在於能帶給對方什麼樣的利益。

4. 利益的定義：（利）用彼此資源，創造雙贏效（益）。

5. 中國人吃三種面：情面、體面、場面。

6. 三種人一定要認識：經驗比你多、關係比你好、實力比你強。

7. 三十歲以前跟對人，三十歲以後要做對事，四十歲以後做人最重要，五十歲以後錢要放對地方。

8. 學問好不如會做事，會做事不如會做人。

9. 凡人都有想表達的欲望、被了解的需求。

10. 所有的關係都建立在成熟的信任上，言行一致是一個人最大的無形資產。

人脈要經得起與人分享

要提醒大家的是，再好的人脈關係都經不起一再提款，所以做業務之前要先學會做人，成為一位懂得分享的人。我們的腦袋及人脈等資源都是愈分享愈精準，注意你的人脈要經得起與人分享。另外，建議大家多參與各種聚會，創造結交人脈的機會，在聚會中同時都在學習情面、體面及場面，並積極結交經驗比你多、關係比你好、實力比你強的人，特別要注意的是，與人認識「記錄」比記憶還要重要，我與我的貴人李紹唐

先生的相識（善用PDA），相信大家都可以感受到這部分的加分效果。

破壞信任的最大殺手

不同的年紀在人脈經營上，也會有不同需要專注的事項。對許多初出社會的年輕朋友來說，三十歲以前找到一位好的學習對象、好的主管是相當重要的；三十歲以後就要特別注重選擇，選擇決定一切，這時良師益友將會提供你很多諮詢及建議；四十歲時，體力沒有三十歲好，智能的創新力也沒有二十歲棒，這時就要懂得做人，借力使力，所以我們會發現很多約略四十歲的人都非常積極於參加社團活動可窺之；五十歲以後最重要的事就是把你過去累積賺的錢放對地方，結識一位可以協助你做出最佳投資的人，你才能輕鬆地倍增財富。

與人相處說到做到相當重要，說到做不到是破壞信任的最大殺手；要建立信任，只要言行一致、說到做到，再加上用心傾聽、了解心意，你也可以成為一位人脈達人。

接下來與您分享，我多年下來人脈經營的心得。

人脈經營六部曲

一、如何吸引人脈？

充滿自信地接觸人群，而自信源自於個人的豐富內涵以及

質感儀表。人脈不僅是你找來,更是你「吸」過來的,成為一位有影響力、有魅力的人,相信你也會是一位人人向你靠攏聚集的人脈王。

二、如何整合人脈?

訴求一個明確議題、企劃一個豐富活動、進而創造彼此共同利益。

透過豐富而有主題性的活動來整合人脈是最快速的方法,有道是「要活就要動」,套用在人脈經營上也是個通用的法則,從扶輪社、獅子會,以及各式不同議題聚集的社團及社群可知,活動聚會對人脈的經營是非常重要。

三、經營人脈的自然法則:

春耕:(乍見之歡)喜歡你這個人。

夏耘:(久處之樂)信任你說的話。

秋收:(問對問題)需要你的商品。

冬藏:(優質服務)幫助你轉介紹。

經營客戶即是在經營口碑,善用之前Luke董天路所提到人類五種表達愛的方式:

1. 言語上的肯定

2. 贈送禮物

3. 提供服務

4. 有品質的相處時間

5.肢體上的接觸

相信沒有人可以阻擋你的熱情攻勢。若要人脈愈陳愈香，值得為人所珍惜，奉獻出你最優質的服務，你才能立於不敗之地。

四、如何化人脈為錢脈？

提升整體附加價值，提供多元優質服務。建議大家熟練「致富精五門」：精、通、學、熟、練。

「精」一行：做自己愛的行業。

「通」兩門媒介：錢脈與人脈（Money & You）。

「學」三門知識：（專業）內化素質高、（科技）接觸速度快、（行銷）獲利數量大。

「熟」四門工具：包括手機、PDA、數位相機、筆記型電腦等，這些數位科技工具皆可讓你成為擁有行動辦公室的行動達人，讓你擁有速度上的競爭力。

「練」五門內功：信念（強），信念創造實相。

態度（佳），態度調整速度。

行為（正），行為產生結果。

習慣（好），習慣發揮影響。

性格（良），性格決定命運。

五、如何塑造雙贏的人脈關係？

很簡單，與人互動時只要「給足面子，創造裡子」，即可

輕鬆創造雙贏的人際關係。記得2006年2月28日，在知名的潛能成功學大師博恩‧崔西來台千人的演講會中，我與知名講師張淡生不約而同一起再度巧遇陳安之老師，後來因此一同相約參加華人講師聯盟聚會。過沒幾天，在一場下午茶的聚會中，我則協助陳安之邀請李紹唐先生擔任他的活動演講嘉賓。

當你主動為別人的機會搭橋時，其實就等於為自己的夢想鋪路。箇中奧妙，相信只有善用此道者方能得知。

六、如何提升人脈的層次？

其實就是提高人脈關係的門檻。例如加入商業社團，或者建立私人學習網路等方式，都是協助你提高人脈層次的好方法。有道是物以類聚，積極參與優質聚會，也是不斷創造業務機會的不二法門。

最後，不是「知道」就會，而是要「熟練」才會。因為經營人脈不是一種知識，而是一種 Common Sense（常識）基本的待人態度。

人脈+九大特質=成功

當大家都講人脈就是錢脈，其實是滿需要有想像能力才能感受到。我從古代的錢幣看到了如何將人脈變成錢脈的九大特質：

一、專業服務：幫助他人解決問題的能力。

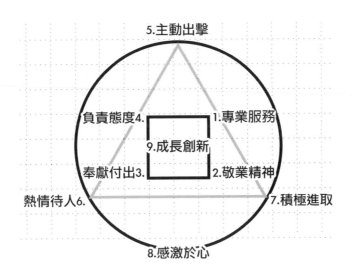

二、敬業精神：你是否很投入你的行業？

三、奉獻付出：願意先付出，不計較自己獲得。

四、負責態度：兌現自己所承諾的事情。

五、主動出擊：用行動證明自己的期望。

六、熱情待人：滿心歡喜，表現出內心的憧憬。

七、積極進取：持續做好每一件事情。

八、感恩於心：遇到任何人與事都要心存感激。

九、成長創新：學習成長拜三種師：1. 自然、2. 經典、3 智者。

　　一個人的成功有精神面及物質面，精神面是完整的人格，物質面是金錢報酬。我常在演講中提到一句話：「與其羨慕別

人成功的果實，不如培養自己成功的特質。」每個人都有隱藏的豐富財富，關鍵在於是否懂得拿出來兌現。

中國人的古代錢幣設計其實很有智慧，外圓內方的設計就與做人的道理一樣，要懂得外圓內方。一至四的專業服務、敬業精神、奉獻付出、負責態度是要求自己的程度；外圓則是要擁有主動出擊、熱情待人、積極進取三個元素的待人態度；凡事遇到都要先存感激之心；中間的空心則表示要不斷成長，拜師求藝，才會有更多成長的機會。透過中國人古代的錢幣，我看到了這些，你看到了嗎？

要有絕佳的人脈，還需要懂得主動隨時製造機會給別人，為人搭橋是絕佳的經營人脈雙贏策略，誠懇地建議每位朋友熟練這門「搭橋人脈學」，因為只要幫助對的人，且幫助的人數夠多，即能產生影響力。

成為正向的磁場

其實想幫助別人只是每個人與生俱來的良知、本能罷了！幫助別人與準備你人生中的健康、快樂、金錢三大工具並不衝突，只要有小受惠即去幫助小眾，愈幫助別人會愈有錢，愈有錢會愈幫助別人，將這個習慣練習成為一個正向的磁場，時時刻刻培養幫人的習慣，即可過得有意義、有錢，也會有影響力。我就是透過隨時學習、隨時分享、隨時幫助別人來建構我的生活及工作。

　　近年來，我每月往返兩岸，在忙碌的生活裡其實都在學東西、教東西，並且隨時在建立關係；就像一個循環系統一般，我前往大陸分享我所會的，也在學習大陸的風土民情，理解大陸的商業環境，並結交大陸的朋友；回到台灣除了與台灣的學員及朋友分享我的大陸之行，並整理我的學習心得，透過教練工作擁有更多的學生及朋友。

　　人生最幸福的事莫過於自己學習成長，又能幫助別人成長，進而獲利，擁有財富，這也是我十八年來與人互動時最大的領悟。

管語錄

一、學到東西叫準備，建立關係是機會，若要不斷有機會，就得時時做準備。

二、我們的腦袋及人脈等資源都是愈分享愈精準。

三、當你主動為別人的機會搭橋時，其實就等於為自己的夢想鋪路。

四、與其羨慕別人成功的果實，不如培養自己成功的特質。

吃出智慧與機會

為了能與江南春先生吃這頓飯、問這七個問題，我足足
準備了兩個月。

　　我很喜歡美食，尤其在看完《別自個兒用餐》一書中作者
啟斯‧法拉利大力推廣別自個兒用餐是人脈拓展的重要方法之
際，我更熱衷於透過餐聚方式結交良師益友。如果閱讀使人成
熟、沈思使人深刻、對話使人透徹，透過餐聚，則能在輕鬆的
狀況下，接受高人指點，讓你在學習上擁有通體舒暢感，不僅
滿足了你的胃，也可以「吃」出機會及智慧。

　　2006年9月22日，我到上海，在中國多普達營運長李紹唐
先生的引薦下，25日晚上，有幸與中國分眾傳媒公司CEO江南
春先生有場餐會。（註：1973年出生的江南春先生，2002年創
立分眾傳媒公司，透過將人們等待電梯時的「無聊」轉換成一
門創意廣告媒體生意，現擁有大陸92%大樓電梯戶外廣告代
理；2005年分眾傳媒在美國那斯達克上市，他也是中國第一位
受邀按響那斯達克開市鈴聲的企業家，目前身價超過新台幣
250億元，為大陸年輕百大富豪之一。）

在那場餐會裡，除了江南春與李紹唐先生之外，還有我以及陳安之先生，這是一頓讓我終生難忘的聚餐！當天晚上，我們總共點了七道菜。奇怪的是，像我這麼熱愛美食的人，我完全忘記當晚到底吃了些什麼！因為重點不在於吃什麼，與這麼一位當今在中國經濟舞台上具有影響力的人物在一起吃飯，你所問到、學到的比你吃到的還要重要，還要補！

下一個億萬富翁就是你

由於我就坐在江南春先生的旁邊，每上一道菜，我就問一個問題，七道菜我總共問了七道問題。他總是不疾不徐、從容不迫、輕鬆自在地一一回答我所問的每一個問題：

問題一：

管問：請問，你的人生使命為何？

江答：做自豪、有趣、有意義的事。

問題二：

管問：請問，你的願景是什麼？

江答：我通常會比較量化，期許將分眾傳媒在亞太地區的營業額，五年內從現在二十億美金成長到一百億美金。

問題三：

管問：請問，你的熱情從何而來？

江答：做我所熱愛做的事。

問題四：

管問：請問，你一向用來激發企圖心的方式為何？

江答：（他笑著回答）這個部分有點虛榮心。別人提出來的挑戰愈大，我愈想要去完成它。

問題五：

管問：請問，你如何找尋你自己行動背後的動力？

江答：身為一個企業的領導者，以身作則的責任感是我最大的行動背後動力。

問題六：

管問：請問，你對金錢的看法為何？

江答：金錢是工具，所以我不太在乎！

問題七：

管問：請問，你是如何學習的？

江答：以前是透過閱讀，現在的學習方式是與人對談，不只是在讀書，更樂於在讀人。目前看書時間不多，問人比較直接。

為什麼我要問這七個問題，其實就是為我自己及我的學生發問。歸納出這七個問題就是以下七個英文單字：1.Mission（使命感）、2.Vision（願景）、3.Passion（熱情）、4.Ambition（企圖心）、5.Action（行動力）、6.Commission（收入）、7.Learn How to Learn（如何學習）。

　　當一個人很清楚這七個問題的答案時，我相信他的人生是充滿機會與智慧的。江南春先生有他自己明確的答案，是否能夠引發你去尋找屬於你自己的答案？

　　我常說，認識一個人不是認識一張名片，而是要了解他的想法！同樣的問題，你的答案也許與我和江南春先生有很大的差別，但不用擔心，答案沒有對錯，只是個人的選擇罷了，這些答案其實也藏著許多解決你人生問題的方法。

　　「千里馬不需激勵，但需要刺激。」良師益友就能以他的水平來調整你的境界，無形中你就會自我提升了。花點時間靜下來，沈澱自己，試著回答這幾個問題，也許下一個億萬富翁就是你。

七個問題，準備兩個月

　　為了能與江南春先生吃這頓飯、問這七個問題，我足足準備了兩個月。我永遠記得在2006年7月，看到台灣的《今周刊》頭條報導「兩岸百大年輕富豪絕祕檔案新富幫」，我看著江南春先生的報導，一位左手寫詩發想，右手策動商戰的極速資本家，得知其不到三十五歲即擁有超過258億台幣的身價，竟然是用無聊變成生意所創造出來的。

　　我心中在想，如果能跟這號人物見面、吃飯、請教，那肯定可以學到很多東西。沒想到，2006年9月初有一次，當我與

我的恩師李紹唐先生提到江南春，希望有機會到上海與他共進晚餐，李紹唐先生二話不說，直接就從台灣打電話給江南春先生，立即約好在上海的飯局，效率之高讓我驚訝不已，原來要與貴人吃飯還真的需要有貴人牽線。

後來我請教我的恩師李紹唐先生怎麼認識江南春先生，他的回答也很妙。「當上總裁要認識總裁是不會很困難的，更何況中國多普達是分眾傳媒的重要廣告客戶，分眾傳媒也是多普達手機的企業團購客戶；我們彼此是客戶，要見面吃飯是理所當然的，順便看看可否創造機會，多做一些生意。」

在《別自個兒用餐》這本書中提到，經營人脈要成功有三個原則：

1. 保持聯繫
2. 別斤斤計較
3. 別自個兒用餐

人生處處是機會，關鍵在於你是否有足夠的智慧，找到對的人來聯繫。不要太在意到底是誰請客、誰付費，切記！千萬不要自己一個人用餐！那就對了。

管語錄

一、別自個兒用餐是人脈拓展的重要方法。

二、認識一個人不是認識一張名片，而是要了解他的想法！

三、人生處處是機會，關鍵在於你是否有足夠的智慧，找到對的人來聯繫。

Chapter 7　樂活讀書

「讀」出藍海策略──賢能菁英讀書俱樂部

不少同業看到我做這件不敷成本的事，紛紛笑我做虧本生意，但始終抱持幫助學員學習心情的我，仍然每個月一本書接著一本書地經營我的超大型讀書會。

　　古人云「書中自有黃金屋」，照字面直接解讀是「念書就能賺錢」！雖然我們已邁入二十一世紀，但古人的智慧卻歷久彌新，因為我還真的是靠念書為我的事業開創出嶄新的「藍海」策略。

自嘲為現代書僮

　　十幾年前，我開始為忙碌無暇做大量閱讀的企業老闆及高階專業經理人提供導讀服務，我笑稱自己是陪公子念書的現代「書僮」，但我也由衷佩服那些想盡辦法學習、吸收新資訊的朋友，他們總能將自己的時間花在更精準、更有價值的事情上。

　　2005年8月，我接受我的人生導師，也是很愛大量閱讀書

籍的前中國多普達CEO兼總裁李紹唐先生的建議，與東林美髮
集團總經理黃仁能一起創辦「賢能菁英讀書俱樂部」（http://
/www.vipbook.com.tw），從陪老闆念書，擴展到每月固定
在台北協助一百多位朋友閱讀精典書籍，讓更多朋友透過閱讀
當代重要書籍，運用在生活及職場上。

　　不少同業看到我做這件不敷成本的事，紛紛笑我做虧本生
意，但始終抱持幫助學員學習心情的我，仍然每個月一本書接
著一本書地經營我的超大型讀書會。（見本書彩照k）

專業導讀

　　不到一年，我成為業界專業導讀的講師，邀約我前往負責
企業或組織內部的年度專業導讀計畫也不斷。從台灣到大陸市
場，專業導讀成為我擴展市場非常獨特的敲門磚，儼然也成為
非常獨特的教育訓練學習服務項目。

　　「賢能菁英讀書俱樂部」首場活動在2005年8月展開，第
一本導讀的書是天下文化出版的《藍海策略》，因為李紹唐先
生為該書專文寫序，且大力推薦這本書，加上讀書會的源起也
是因為李紹唐先生，所以當天的讀書會，除了有專業導讀外，
我還特別安排送給每位參與的朋友一份驚喜。

　　在活動中，我透過越洋電話，邀請當時人在上海甲骨文辦
公室的李紹唐先生，為大家做了十分鐘《藍海策略》的精采重

點摘要。電話中，李紹唐先生除了勉勵所有的朋友多多閱讀、學習外，並允諾回台時一定與讀書會的朋友做進一步的分享。

整場活動在此際創下高潮，許多人都為這通越洋而來的專業導讀電話興奮莫名，因為要與李紹唐先生近距離接觸的機會並不多，透過這次機會，許多學員後來都能近距離地與李紹唐先生互動與學習。

學習三部曲

我一直大力疾呼，良好的學習三部曲要從：

1. 發現
2. 運用
3. 熟練

所以在籌劃「賢能菁英讀書俱樂部」時，我希望自己也能看到、學到並做到，而這次的讀書會能成為學員親身示範的「藍海策略」，就是一次成功的實戰案例！

即使台灣的圖書出版市場持續萎縮，但新書的出版仍很蓬勃，光是2005年就有超過四萬本的著作推出，對於許多喜歡學習，但又工作忙碌的朋友來說，如何挑選一本值得閱讀的書，並快速、精簡地吸收書的重點，而且還能夠透過專業解說來了解如何運用是非常重要的；但我們也發現許多重量級的書籍，其實閱讀起來並不輕鬆，甚至對很多朋友來說是艱澀、不易接

近的，所以口語化的導讀及剖析顯得非常重要，如果再加上只要參加一、兩個小時的活動，就能輕鬆地學習，我相信會有更多朋友願意投入閱讀的學習行列。

與世界同步的學習

「賢能菁英讀書俱樂部」的成立宗旨明確地宣示「邀你我閱讀同書，學習與世界同步」，我們期待透過共同閱讀市場上最具影響力的書籍，一起與世界同步學習。

在我的學習經驗裡，保持一定頻率及數量的閱讀習慣是必要的。

但要讓學員保持熱情持續地參與學習，卻是經營讀書會最大的挑戰，所以在思考活動模式時，我試著套用藍海策略的行動方案，規劃出年度十二個月的活動計畫方向：精挑細選十二本市場最新、生動又實用的企管好書；專業製作十二套層次分明，又有系統的Power Point；安排十二場內容豐富、資訊齊全又精采的讀書會；舉辦十二次包含各行各業的菁英彼此交流的聚會。「賢能菁英讀書俱樂部」的年度會員從老闆、上市公司的總經理，到年輕的業務人員都有。透過定期的學習聚會，每個人都在累積屬於自己的戰力及能量。

最現學現賣的學習方法

　　很多朋友對於參加一場讀書會要價新台幣一千元，猛一聽都覺得太貴，但仔細剖析，為了讓參與者有較舒適的學習空間，所以特別租借亞爵會館位於台北松仁路的會議室，並加上台北有名的順成麵包糕點。參與者只要出席，就可以拿到導讀的新書，並享有融會貫通、整理過的專業導讀，以及簡報檔，這些都能立刻拿回自己的組織或團隊再複製使用，甚至還能將所學新知現學現賣。

　　很多企業老闆只要參加過「賢能菁英讀書俱樂部」的活動，往往二話不說就決定成為年度會員，因為對他們來說，時間就是金錢，能夠快速，又可以立刻運用的學習方式，對他們來說真的太值得了。

　　從另一個角度來看，有錢人想的真的跟我們不一樣，套一句我常說的話，「價格不等於價值」，我相信即使消費者不用花錢，也不代表消費者就會買帳。

　　而在亮麗演出的背後，其實是下很多真功夫的，就像划水的鴨子，湖面上是完全看不出的。

導讀的第一件事

　　「賢能菁英讀書俱樂部」的執行過程，從選書開始就是一個大工程。台灣的書市，每月新出版的書籍超過千本，在選定導讀書前，我往往必須閱讀十本書以上，才有辦法決定書目。

每個月，我總會挑休息的空檔，前往位於台北市松江路93巷1號的「人文空間」複合式書店找書，此處同時也是我與李紹唐老師首次近距離深入互動結緣，而在日後與老師成為亦師亦友的重要開端。

很多人一定好奇，忙碌的我，都在什麼時候閱讀書籍？因為我每月固定要往返兩岸，所以我常常在飛機上閱讀，我也常形容自己是在幾萬英尺的高空上為大家練功，吸收新知能量。

當然，製作導讀的簡報又是另一個工程，首先，我必須閱讀完整本書，再抓出書裡的重點，因為每一本書都會有它最核心的價值及精神希望傳達給讀者。

另外，沒有真正讀通，是很難在導讀時清晰為學員們做說明的，所以有時候一本書可能要反覆讀個五、六遍。

過去很多教育訓練業界的同行，笑我經營讀書會是在做賠錢生意，而我因為單純地認同李紹唐先生所說，分享助人學習這事對朋友及學員是有幫助的，所以我選擇做對的事。

另一個層面也可以解讀，「賢能菁英讀書俱樂部」是我發揮所長、貢獻給社會的公益服務時間，而這也完全符合我想透過持續學習帶給人喜樂的人生使命。

不過，一年後，一份當初單純想法所埋下的善因，卻為我創造了很多意想不到的機緣。

如果幫助別人學習、幫助別人念書就能賺錢，難道這不是

一個很棒的「藍海策略」嗎？

管語錄

一、在我的學習經驗裡，保持一定頻率及數量的閱讀習慣
　　是必要的。

二、良好的學習三部曲要從發現、運用至熟練。

三、透過定期的學習聚會，每個人都在累積屬於自己的戰
　　力及能量。

讀書與讀人

書中自有黃金屋，一本書的精髓如果我們常用，就會愈來愈熟悉。如果再加上熟練，就能產生一種核心能力及專業技能。

　　一個人是否有內涵是假不了的。買書不等於有內涵，看了書也不見得有內涵，看了書往往還要再加上沈思，才能領悟書中的涵意與閱讀者的關係。

　　從學習的角度來看，讀書只是種方式，如果能透過請教別人更好，而如果還能與人討論則更棒！

善用知識需要智慧

　　我常說智慧在問答之間，我想特別提醒大家「知識≠智慧」，若將知識當作是種工具，智慧則可以協助做決策；但如果擁有工具而做錯決策，這樣運用知識是很危險的。

　　舉例來說，在數位時代，相信每位朋友對數位相機等數位科技工具的使用是再熟悉不過了，它取代傳統相機沖洗照片的不便，結合照相及錄影的功能，而網路平台紛紛推出網路相簿的平台服務，更讓數位相機瞬間平民化的普及。

　　熟識我的朋友都知道，我隨身會攜帶一台數位相機，在緊湊的工作行程以及頻繁地與人互動中，我習慣用相機寫日記，從過去的Canon到近期的Sony T10，而能夠在電腦同步註記日期的Sony T10，讓我的相片日記更好管理。

　　在很多課程及演講上，我習慣用能與人互動的照片向學員舉例示範，偶爾會運用錄影之影片，這些工具往往更能提高上課的效果，因為圖片及影像的記憶效果是優於文字及話語的。善用數位科技工具的協助，讓我能為學員提供更好的學習服務。

　　反之，打開電子郵件信箱，我們常常會收到很多不堪入目的色情照片，或血腥的暴力照片，甚至在媒體上都見得到這樣的畫面，同樣都是在運用影像工具，但在對人的幫助上卻有相當不一樣的結果。其中的關鍵就在於善用知識，而如何善用知識需要智慧，當然知識更要不斷地更新，才能收到事半功倍之效。

好書大家讀

　　我在挑選推薦導讀書時的標準非常簡單，一是對人是否有幫助，二是這本書是否可以運用。一本好書值得花時間閱讀，當然更適合有人為你導讀；所以在「賢能菁英讀書俱樂部」（http://www.vipbook.com.tw）中，我挑書有三大標準：

1. 對人的工作
2. 對人的生活
3. 對人的健康有無幫助

我很簡單地以能否促進大家的健康（能量高）、快樂（心情好）、金錢（收入多）三種財富智能為最高準則。

我在抓重點及製作導讀簡報時，會朝書的實用性、觀念是否有提醒作用、故事生動與否？三種目標前進；因為如果這本書方法實用、故事生動，那麼這本書就很容易為人所活用。我常常提醒我授課的學生「傾聽是種美德，一語驚醒夢中人是一件功德！」我的《管語錄》往往也都是來自書中的領悟及發現。

學習的終極目標

每一本好書都會有它的核心概念要傳達給讀者，例如《藍海策略》提供加減乘除的行動方案；《別自個兒用餐》教你經營人脈的方法及守則；《這一生，你為何而來》邀你找出你的人生使命；《奧客不擋路》傳授你如何培養從心服務，讓你服務致富的流程。

我將「賢能菁英讀書俱樂部」導讀過的書放在隨手可得的床頭，隨時驗證。我相信書中自有黃金屋，一本書的精髓如果我們常用，就會愈來愈熟悉。如果再加上熟練，就能產生一種

核心能力及專業技能。不論是何種形式的學習，學習的終極目
標都是為了讓你形成行動。以下摘錄一些對我生活及工作影響
甚鉅的書本字句，以及我的運用心得與大家分享：

■《藍海策略》作者／金偉燦、莫伯尼　　出版／天下文化
p64→優質策略的三大重點：1.要焦點明確、2.獨樹一幟、3.
畫龍點睛的標語。
管教練運用守則：以優質策略，創立「賢能菁英讀書俱樂
部」。

■《第8個習慣》作者／柯維　　出版／天下文化
p12→其實直覺就是內在的聲音。
管教練運用守則：讓直覺指引你的行動，也讓你的行動鍛鍊
你的直覺。

■《致勝：威爾許給經理人的二十個建言》作者／傑克·威爾
許、蘇西·威爾許合著　　出版／天下文化
p80→每天求取平衡，這就是領導。
管教練運用守則：讓健康習慣、快樂心情、認真賺錢，成為每
天必修的三大核心價值行為，讓自己做個平衡富足的領導人。

■《追求卓越》作者／畢德士・華特曼　　出版／天下文化
p303→企業的成就是每個員工共同努力的結晶。
管教練運用守則：一個成功的團隊，不是一個人什麼都會，而
是對的人各就各位。

■《每日遇見杜拉克》作者／彼得・杜拉克、約瑟夫・馬齊里
洛　　出版／天下文化
p120→領導的真諦在於提升眼光。
管教練運用守則：能量因欣賞練習而提升，心門因能量提升而
打開，願景因心門打開而預見。

■《信心：創造成功的循環》作者／羅莎貝絲・肯特　　出版
／天下文化
p11→失敗和成功不是單項事件而是軌道。
管教練運用守則：成功不是單一項目的累積，而是正確循環的
軌跡。

■《修煉的軌跡──引動潛能的U型理論》作者／彼得・聖
吉、奧圖・夏默、約瑟夫・賈渥斯基、貝蒂蘇・佛勞爾絲　　出
版／天下文化
p53→要用新眼光看事物，首先要停止慣性的思考與認知方

式。

管教練運用守則：放下障礙，才能預見未來。

■《當和尚遇到鑽石》作者／麥可‧羅區　出版／橡樹林
p7→一個人應該在最後回顧自己的事業時，告訴自己這些年來
的經營是有意義的。

管教練運用守則：人生夢想的實現，最終就是留下美好的回
憶。

■《奧客不擋路：遇見顧客該想的12件事》作者／羅恩‧威林
漢　出版／天下文化
首頁→我不知道什麼才是你的使命，我只知道當尋找和發現如
何服務他人，你才是快樂的。

管教練運用守則：當一個人所擅長的天賦是可以幫助到許多人
的時候，他的使命感就會自動出現。

■《逆境的祝福》　作者／芭芭拉‧安吉麗思　出版／天下
文化
p26→智慧的起點是提出問題。

管教練運用守則：智慧在問答之間。

■《別自個兒用餐——人脈達人的31則備忘錄》　作者／啟斯
‧法拉利、塔爾‧拉茲　　出版／天下文化
p2→真正的拓展人脈是要想辦法讓他人成功。
管教練運用守則：助人為成功之本，自助為成功之根。

■《專業：你的唯一生存之道》作者／大前研一　　出版／天
下文化
p244→事業的成功或失敗是由願景決定的，而願景的偉大或平
凡則是人決定的。
管教練運用守則：企業的人才在領導者的願景裡。

■《這一生，你為何而來》作者／麥可‧雷伊　　出版／天下
文化
首頁→生命的真正喜樂是為了你自己所認定的偉大目標而活。
管教練運用守則：管家賢這一生所為何來？發現使命、成為使
徒、目的使人喜樂。

■《不被工作困住的100個方法》作者／莎麗‧哈葛姿黑德
出版／天下文化
p32→衝勁=目標+態度+技能+行動+人脈
管教練運用守則：進階版，衝勁十足=目標明確+態度正確+技

能熟練+行動幹練+人脈歷練。

■《這一生都是你的機會》作者／亞歷士‧羅維拉　　出版／
圓神
p66→自我診斷的第一項工具就是自我傾聽。
管教練運用守則：傾聽是一件美德，一語驚醒夢中人是一件功
德。

■《有錢人想的和你不一樣》作者／T. Harv Eker　　出版／
大塊文化
p96→一旦你真的全心全力付出，宇宙就會來幫助你。
管教練運用守則：愈付出愈富足，愈投入愈傑出。

■《把好運吸過來──突破現狀的吸引力法則》作者／琳‧葛
雷朋　　出版／方智
p9→成事靠的是感覺，而不是念頭。
管教練運用守則：與人相處，感覺對，做什麼都無所謂；感覺
不對，接下來有可能都是誤會。

■《人生一定要有的8個朋友》作者／湯姆‧雷斯　　出版／商
智

p17→真正的潛力其實是潛藏在我們生命中每一段關係裡。
管教練運用守則：人際關係的合作是黃金，溝通是白銀，批評
是破銅，抱怨是爛鐵。

與作者對話

　　當然如果能親身與作者互動，了解作者的核心理念及價
值，那肯定學習會更深入且深刻。2005年9月，我前往北京大
學參加《藍海策略》的新書發表，同時也面對面地請教《藍海
策略》的作者之一金偉燦，關於書中的行動方案架構是否能運
用到個人，他給予的答案是肯定的；所以一年後，也才有「藍
海策略──個人成長行動方案」誕生。

　　2006年6月，《當和尚遇到鑽石》的作者麥可‧羅區首次
來台，我參與了麥可‧羅區在台的每場公開演講，甚至還追隨
到香港、大陸。對於麥可‧羅區提到經營企業一定要成功、要
賺錢、要能享用金錢，以及賦予人生意義的三大事業經營法，
我有很深的領悟，我也努力地落實在我的事業經營上。我相信
接近大師、與大師對話，會學到更多、更深刻的智慧，就像麥
可‧喬丹拜擁有冠軍戒指的教練為師一樣，只有金牌教練才能
培訓出金牌的選手。

閱讀使人成熟

　　我想要特別強調的是，不論何種形式的閱讀，其目的都不

在於記憶，而在於提醒。我認為閱讀可使人成熟，因為透過閱讀可以提醒自己做出智慧的選擇及反應，畢竟現代人都很忙碌，書是人寫的，如果有專人導讀，又有人可以詢問，那一定更有效率與效果。所以，如果你看了作者的書，又能跟作者對話，那麼書肯定是看活了。例如我聽了李紹唐先生的精采演講，就去閱讀他的《勇敢去敲老闆的門》、《勇敢去敲未知的門》兩本著作，然後又與他密切的對話，那種讀「書」又讀「人」的學習過程，確實是快活得不得了。

管語錄

一、閱讀使人成熟，沈思使人深刻，對話使人透徹。

二、讀書只是種方式，如果能透過請教別人更好，而如果還能與人討論則更棒！

三、傾聽是種美德，一語驚醒夢中人是一件功德！

四、接近大師、與大師對話，會學到更多、更深刻的智慧。

【結語】做自己人生的MVP

人生是一段很漫長的路,要活得像自己不容易,我們周
遭有太多人對我們有不同的期待,這些期待常常會有許
多衝突,老闆的期待跟客戶的期待不同、另一半的期待
與父母的期待也會不同,久而久之,如果不自覺,就會
活得不像自己!

　　2007年4月21日,當我參加國際扶輪社扶輪領導人一整天
的訓練會議時,我永遠記得當天五堂課程中的其中一堂課討論
扶輪社的國際服務,當時的老師是國際扶輪3520地區前總監梁
吳蓓琳女士(PDG Pauline),討論到過去扶輪社在國外的服
務,不論是柬埔寨、菲律賓,或是在中國大陸雲南,都有扶輪
社社友出人、出錢、出力的足跡。我當時聽到許多感人的故
事!

使命感、願景及熱情

　　在一小時的課程即將結束時,PDG Pauline突然問我:
「請問Trainer(這是我在扶輪社的暱稱),這堂課你有什麼
收穫?」我當場愣了一下,思索Pauline所提出來的問題,我

本能的回答：「要做好服務，必須要具備MVP。M是Mission、V是Vision、P是Passion，三個英文單字的縮寫，中文意思就是使命感、願景及熱情，就可以把服務做好！」這個答案令我自己及在場的每一位社長，都同時感到這是一個很巧妙的註解。

MVP由於很好記，所以大家朗朗上口。在職業籃球場上，表現最傑出的球員都有個稱呼，也是MVP（Most Valued Player），統稱為最有價值的球員。其實在人生的奮鬥過程中，職場上表現最傑出的職員，也可以稱為MVP。

也許讀者沒有辦法在球場上把球打到最好，因為那需要先天的體能條件，但你絕對可以在你的職場上表現到最好。由於PDG Pauline 提出的問題，讓我深思了一段時間，我發現要開創人生，擁有健康、快樂及金錢，同樣也需要MVP。

做真正的自己

我相信一個人只要在他自己的人生發現使命、勾畫出願景、充滿熱情去執行，他就是自己人生中的MVP！我的師父李紹唐先生常告訴我，「人生在世不需要跟別人比較，也不用跟別人計較，只要做真正的自己就好！」我慢慢了解他的意思，若用MVP來詮釋這段話，相信也是同樣的道理。

人生是一段很漫長的路，要活得像自己不容易，我們周遭

有太多人對我們有不同的期待，這些期待常常會有許多衝突，老闆的期待跟客戶的期待不同、另一半的期待與父母的期待也會不同，久而久之，如果不自覺，就會活得不像自己！這也是我長年觀察到許多人最主要的困擾之一，漸漸他們會不快樂、不健康，甚至對未來產生很多不確定感。

出書的最大目的

　　讓我們回到原點，探索一個大家從小到大朗朗上口，也常常被提到的一個問題：人生到底以什麼為目的？標準答案：人生以「服務」為目的！每一個人服務社會的方式與項目不盡相同，目的卻是相同。

　　以我個人為例，今天能夠透過這本書將我過去十多年來工作中的點點滴滴、與學生互動、與老師互動整理的經驗、心得、方法、步驟，盡我所能、毫無保留與讀者分享，只有一個目的，透過這本書，你可以找到適合你的想法與方法，去創造你人生所要的未來；其中有三個很重要的工具：健康、快樂、金錢，這是我出版這本書最大的目的。

　　我非常欣賞一位諾貝爾和平獎得主──史懷哲博士所說的一段話：「我不知道什麼才是你的使命，我只知道：當尋找和發現如何服務他人，你才是快樂的。」

這輩子最愛的工作

　　我很慶幸，我在二十七歲時找到我的天賦，從事我現在的工作，透過學習提升自己，幫助別人。一開始，只是因為我熱愛幫助別人，卻沒想到這成為我這輩子最愛的工作。

　　曾經有學生問我：「教練，你什麼時候退休？」這讓我想到奧斯卡得獎的美國知名導演伍迪‧艾倫說：「只有終其一生都在做自己討厭的事的人，才會想退休！」到目前為止，我從事培訓當專業教練已經十八年了，我從來沒有思考過退休，我甚至還有一種感覺，我現在才要真正的開始！

黑幼龍的啟示

　　每次想到我的培訓前輩，即引進卡內基到台灣的創辦人——黑幼龍教授的故事，都會讓我感動不已。黑幼龍教授四十八歲時原本是光啟社「新武器大觀」的熱門電視節目主持人，他毅然決然地放下優渥的待遇，選擇重新創業，甚至能夠忍受一年沒有收入的情況，把四個孩子交給太太照顧，到美國接受卡內基一年完整的培訓，回國重新開始他人生中另一段創業的旅程。我心想，黑教授除了家人對他的支持，以及他獨到的眼光外，我相信他的內心深處，肯定也有明確的MVP。

　　他是我尊敬的長輩，也是我學習的前輩！最後，透過這本書的出版，由衷地希望讀者看完之後能夠做自己人生的MVP，祝你成功！

【後記】讓我助您三財一生！

當您看完《三財一生——金牌教練教你同時健康、快樂又有錢》這本書，不論您眼中看到什麼、腦袋讀到什麼、心裡相信什麼，除了讀書外，更要「讀人」——慎選您的朋友。

看書是與作者對話的學習，與人交往則是要找對人來彼此互相影響，我就是因為結識了前中國多普達CEO總裁李紹唐先生等諸多良師益友，才讓我不論在健康、快樂及財富，都能同時有所進步及斬獲。

這本書之所以能順利出版，也源於李紹唐先生大力推薦給寶瓶文化；巧的是，與寶瓶文化社長朱亞君小姐早已結識於七年前，我為我的學生高聖芬出書尋找出版社，她即是當時的總編輯，沒想到七年後，學生的老師出書，又因緣巧合再度與朱亞君小姐碰面，談論我的出書計畫，即迅速拍板定案。

所以誠摯地建議您，從裡到外，重新排列、組合、過濾能為您創造健康、快樂、財富機會的三種朋友，因為您周圍的朋友會影響到您「三財一生」的圓滿指數。相信您看對書、跟對人互動，您必能擁有人生當中健康、快樂、金錢這三樣寶貴的財富！

下次有機會見到您，讓我助您「三財一生」吧！

人生金牌教練 管家賢
曾經授課／演講對象

企業集團

美商達美樂公司

住商不動產

元大證券

上海商業銀行

大安商業銀行

象山集團

萬家香企業

台灣日立股份有限公司

ABB艾波比

奇異電器

亞力山大集團（台北、上海、北京）

建設公司及其他單位

王象建設

仁翔建設

宏總建設

友友建設

台北縣工業局

高雄市觀光局

知行會
上海、北京中外合資企業
上海托利傑尼義大利手工皮鞋連鎖店

扶輪社，青商會及其他社團

台南扶輪社
台南鳳凰扶輪社
台北華麗扶輪社
台北龍華扶輪社
高雄欣欣扶輪社
陽明山青商會
玉山國際青商會
長榮管理學院
高雄HD聯誼會
台北HD聯誼會

保險業

ING安泰人壽
國泰人壽
南山人壽
保德信人壽
新光人壽

瑞泰人壽

國華人壽

傳銷業

美商安麗公司

美商如新公司

美商玫琳凱化妝品公司

連法公司

美兆生活事業

人生金牌教練 管家賢 服務資訊

管老師信箱

E-mail：coachkuan@gmail.com

賢能菁英讀書俱樂部 網址／部落格

http://www.vipbook.com.tw
http://www.coach945.org

手機：+886-920-699-981
電話：+886-2-8786-7479
傳眞：+886-2-2758-6470
大陸手機：+86-139-1727-1525

買書送

「三財一生──健康、快樂又有錢」系列講座

方法一：詳情請上網查詢登記www.vipbook.com.tw（價值$499元）
方法二：金石堂書店講座（現場備有限量禮物）。座位有限，額滿為止。

金石堂十場講座

6/21（四）晚上七點至九點，成功店
（高雄市前鎮區中華五路789號B1、B2），（07）8233001~3

6/22（五）晚上七點至九點，南新店
（台南市西門路一段658號5樓），（06）3030235

6/23（六）下午兩點至四點，崇明店
（台南市崇明路269號），（06）336776

7/5（四）晚上七點至九點，公益店
（台中市公益路161號），（04）23011566

7/6（五）晚上七點至九點，健行店
（台中市健行路466號），（04）22024668

7/7（六）下午兩點至四點，大墩店
（台中市大墩路552號），（04）23200319

7/13（五）晚上七點至九點，壢一店
（中壢市建國路62號），（03）4228644~5

7/14（六）下午兩點至四點，桃站店
（桃園市大同路24號），（03）3343713

7/20（五）晚上七點至九點，汀州店
（台北市汀州路三段184號），（02）23691245

7/28（六）下午兩點至四點，信義店
（台北市信義路二段196號），（02）23223361

人生金牌教練 管家賢 擅長

1. 「三財一生」系列演講
2. 「心靈維他命」每日一則，能量簡訊
3. 「賢能菁英讀書俱樂部」每月一書，讀書會
4. 「彩虹計畫」三小時課程
5. 「三財一生」兩天培訓團體班（20人小班）
6. 個別諮詢，一對一Coach
7. 教練技巧授證，一對一指導

AQUARIUS

寶瓶文化叢書目錄

寶瓶文化事業有限公司
地址：台北市110信義區基隆路一段180號8樓
電話：(02) 27463955
傳真：(02) 27495072　劃撥帳號：19446403
※如需掛號請另加郵資40元

系列	書號	書名	作者	定價
Enjoy 搶先給你最嗆、最in的生活資訊	E001	夏禕的上海菜	夏禕	NT$229
	E002	黑皮書──逆境中的快樂處方	時台明	NT$200
	E003	告別經痛	吳珮琪	NT$119
	E004	平胸拜拜	吳珮琪	NT$119
	E005	擺脫豬腦袋──42個讓頭腦飛躍的妙點子	于東輝	NT$200
	E006	預約富有的愛情	劉憶如	NT$190
	E007	一拍搞定──金拍銀拍完全戰勝手冊	聯合報資深財經作者群	NT$200
	E008	打造資優小富翁	蔣雅淇	NT$230
	E009	你的北京學姊	崔慈芬	NT$200
	E010	星座慾望城市	唐立淇	NT$220
	E011	目擊流行	孫正華	NT$210
	E012	八減一大於八──大肥貓的生活意見	于東輝	NT$200
	E013	都是愛情惹的禍	湯靜慈	NT$199
	E014	邱維濤的英文集中贏	邱維濤	NT$250
	E015	快樂不怕命來磨	高愛倫	NT$200
	E016	孩子，我要你比我有更有錢途	劉憶如	NT$220
	E017	一反天下無難事	于東輝	NT$200
	E018	Yes，I do──律師、醫師與教授給你的結婚企劃書	現代婦女基金會	NT$200
	E019	給過去、現在、未來的科學小飛俠	鍾志鵬	NT$250
	E020	30歲以前拯救肌膚大作戰──最Hito的藥妝保養概念	邱琬婷	NT$250
	E021	擺脫豬腦袋2	于東輝	NT$200
	E022	給過去、現在、未來的科學小飛俠（修訂版）	鍾志鵬	NT$250
	E023	36計搞定金龜婿	方穎	NT$250
	E024	我不要一個人睡！	蘇珊・夏洛斯伯 莊靖譯	NT$250
	E025	睡叫也能瘦！──不思議的蜂蜜減肥法	麥克・麥克尼等 王秀婷譯	NT$250
	E026	瘋妹不要不要仆街	我媽叫我不要理她	NT$230

系列	書號	書名	作者	定價
catcher	C01	基測作文大攻略──25位作文種子老師給你的戰鬥寶典 25位作文種子老師合著／聯合報教育版策劃		NT$280
	C02	菜鳥老師和學生的交換日記	梁曙娟	NT$220
	C03	新聞中的科學──大學指考搶分大補帖	聯合報教育版企劃撰文	NT$330
	C04	給長耳兔的36封信──成長進行式	李崇建著　羍筱茜繪	NT$240
	C05	擺脫火星文──縱橫字謎	15位國中作文種子老師合著	NT$300
	C06	放手力量大	丘引	NT$240
	C07	讓孩子像天才一樣的思考	貝娜德・泰南 李弘善譯	NT$250
	C08	關鍵教養○至六	盧蘇偉	NT$260
	C09	作文找碴王	十九位國中國文菁英教師合著 聯合報教育版策劃	NT$260
	C10	新聞中的科學2──俄國間諜是怎麼死的？	聯合報教育版策劃撰文	NT$330
	C11	態度是關鍵──預約孩子的未來	盧蘇偉	NT$260

系列	書號	書名	作者	定價
	V001	向前走吧	羅文嘉	NT$250
	V002	要贏趁現在——總經理這麼說	邱義城	NT$250
	V003	逆風飛舞	湯秀璸	NT$260
	V004	失業英雄	楊基寬・顧蘊祥	NT$250
	V005	19歲的總經理	邱維濤	NT$240
	V006	連鎖好創業	邱義城	NT$250
	V007	打進紐約上流社會的女強人	陳文敏	NT$250
	V008	御風而上——嚴長壽談視野與溝通	嚴長壽	NT$250
	V009	台灣之新——三個新世代的模範生	鄭運鵬、潘恆旭、王莉茗	NT$220
	V010	18個酷博士@史丹佛	劉威麟、李思萱	NT$240
	V011	舞動新天地——唐雅君的健身王國	唐雅君	NT$250
	V012	兩岸執法先鋒——大膽西進，小心法律	沈恆德、符霜葉律師	NT$240
	V013	愛情登陸計畫——兩岸婚姻A-Z	沈恆德、符霜葉律師	NT$240
	V014	最後的江湖道義	洪志鵬	NT$250
	V015	老虎學——賴正鎰的強者商道	賴正鎰	NT$280
	V016	黑髮退休賺錢祕方——讓你年輕退休超有錢	劉憶如	NT$210
	V017	不一樣的父親，A+的孩子	譚德玉	NT$260
	V018	超越或失控——一個精神科醫師的管理心法	陳國華	NT$220
	V019	科技老爸，野蠻兒子	洪志鵬	NT$220
	V020	開店智慧王	李文龍	NT$240
	V021	看見自己的天才	盧蘇偉	NT$250
	V022	沒有圍牆的學校	李崇建・甘耀明	NT$230
	V023	收刀入鞘	呂代豪	NT$280
	V024	創業智慧王	李文龍	NT$250
	V025	賞識自己	盧蘇偉	NT$240
	V026	美麗新視界	陳芸英	NT$250
	V027	向有光的地方行去	蘇盈貴	NT$250
	V028	轉身——蘇盈貴的律法柔情	蘇盈貴	NT$230
	V029	老鼠起舞，大象當心	洪志鵬	NT$250
	V030	別學北極熊——創業達人的7個特質和5個觀念	劉威麟	NT$250
	V031	明日行銷——左腦攻打右腦2	吳心怡	NT$250
	V032	十一號談話室——沒有孩子「該」聽話	盧蘇偉	NT$260
	V033	菩曼仁波切——台灣第一位轉世活佛	林建成	NT$260
	V034	小牌K大牌	黃永猛	NT$250
	V035	1次開店就成功	李文龍	NT$250
	V036	不只要優秀——教養與愛的27堂課	盧蘇偉	NT$260
	V037	奔向那斯達克——中國簡訊第一人楊鐳的Roadshow全記錄	康橋	NT$240
	V038	七千萬的工作	楊基寬	NT$200
	V039	滾回火星去——解決令你抓狂的23種同事	派崔克・布瓦＆傑羅姆・赫塞 林雅芳譯	NT$220
	V040	行銷的真謊言與假真相——吳心怡觀點	吳心怡	NT$240
	V041	內山阿嬤	劉賢妹	NT$240
	V042	背著老闆的深夜MSN對談	洪志鵬	NT$250
	V043	LEAP！多思特的不凡冒險 ——一段關於轉變、挑戰與夢想的旅程	喬那森・柯里翰 余國芳譯	NT$230

給你新的視野，也給你成功的典範

系列	書號	書名	作者	定價
	I001	寂寞之城	文/黎煥雄　圖/幾米	NT$240
	I002	倪亞達1	文/袁哲生　圖/陳弘耀	NT$199
	I003	日吉祥夜吉祥——幸福上上籤	黃玄	NT$190
	I004	北緯23.5度	林文義	NT$230
	I005	你那邊幾點	蔡明亮	NT$270
	I006	倪亞達臉紅了	文/袁哲生　圖/陳弘耀	NT$199
	I007	迷藏	許榮哲	NT$200
	I008	失去夜的那一夜	何致和	NT$200
	I009	河流進你深層靜脈	陳育虹	NT$270
	I010	倪亞達fun暑假	文/袁哲生　圖/陳弘耀	NT$199
	I011	水兵之歌	潘弘輝	NT$230
	I012	夏日在他方	陳瑤華	NT$200
	I013	比愛情更假	李師江	NT$220
	I014	賤人	尹麗川	NT$220
	I015	3號小行星	火星爺爺	NT$200
	I016	無血的大戮	唐捐	NT$220
	I017	神秘列車	甘耀明	NT$220
	I018	上邪!	李崇建	NT$200
	I019	浪—一個叛國者的人生傳奇	關愚謙	NT$360
	I020	倪亞達黑白切	文/袁哲生　圖/陳弘耀	NT$199
	I021	她們都挺棒的	李師江	NT$240
	I022	夢@屠宰場	吳心怡	NT$200
	I023	再舒服一些	尹麗川	NT$200
	I024	北京夜未央	阿美	NT$200
	I025	最短篇	主編/陳義芝　圖/阿推	NT$220
	I026	捆綁上天堂	李修文	NT$280
	I027	猴子	文/袁哲生　圖/蘇意傑	NT$200
	I028	羅漢池	文/袁哲生　圖/陳弘耀	NT$200
	I029	塞滿鑰匙的空房間	Wolf(臥斧)	NT$200
	I030	肉	李師江	NT$220
	I031	蒼蠅情書	文/陳瑤華　圖/陳弘耀	NT$200
	I032	肉身蛾	高翊峰	NT$200
	I033	寓言	許榮哲	NT$220
	I034	虛構海洋	嚴立楷	NT$170
	I035	愛情6p	網路6p狼	NT$230
	I036	十八條小巷的戰爭遊戲	廖偉棠	NT$210
	I037	畜生級男人	李師江	NT$220
	I038	以美人之名	廖之韻	NT$200
	I039	虛杭坦介拿查影	夏沁罕	NT$270
	I040	古嘉	古嘉	NT$220
	I041	索隱	陳育虹	NT$350
	I042	海豚紀念日	黃小貓	NT$270
	I043	雨狗空間	臥斧	NT$220
	I044	長得像夏卡爾的光	李進文	NT$250

Island

有詩、有小說、有散文

系列	書號	書名	作者	定價
High 在這裡。最具話題的全都集中、最合乎潮流、最流行、	H001	阿貴讓我咬一口	阿貴	NT$180
	H002	阿貴趴趴走	阿貴	NT$180
	H003	淡煙日記	淡煙	NT$220
	H004	幸福森林	林嘉翔	NT$239
	H005	小呀米大冒險	火星爺爺、谷靜仁	NT$199
	H006	滿街都是大作家	馬瑞霞	NT$170
	H007	我發誓,這是我的第一次	盧郁佳、馮光遠等	NT$170
	H008	黑的告白	圖/夏樹一　文/沈思	NT$199
	H009	誰站在那裡	圖/夏樹一　文/沈思	NT$220
	H010	黑道白皮書	洪浩唐、馮光遠等	NT$200
	H011	3顆許願的貓餅乾	圖/阿文・文/納萊	NT$299
	H012	大腳男孩	圖・文/JUN	NT$250
壹詩歌 傳統繼承與前衛造反並俱。詩與跨媒介的新浪潮,	001	壹詩歌創刊號	壹詩歌編輯群	NT$280
	002	壹詩歌創刊2號	壹詩歌編輯群	NT$280
★	P001	天使之城——阿使的孤單	流氓・阿德	NT$220
	P002	天使之城——小天的深情	李性蓁	NT$220
	P003	天堂之淚	張永智	NT$270
	P004	不倫練習生	許榮哲等	NT$200
	P005	男灣	墾丁男孩	NT$210
	P006	10個男人,11個壞	發條女	NT$220
賀賀蘇達娜	001	賀賀蘇達娜1——殺人玉	吳心怡	NT$149
	002	賀賀蘇達娜2——二十二門	吳心怡	NT$230
	003	賀賀蘇達娜3——接龍	吳心怡	NT$230
	004	賀賀蘇達娜4——瓜葛	吳心怡	NT$220
	005	賀賀蘇達娜5——喜禍	吳心怡	NT$200
	006	賀賀蘇達娜6——戰	吳心怡	NT$220
	007	賀賀蘇達娜7——弄玄虛(最終回)	吳心怡	NT$220

國家圖書館預行編目資料

三財一生：金牌教練教你同時健康、快樂
又有錢／管家賢作. -- 初版. -- 臺北市：寶
瓶文化, 2007 [民96]
　　面；　公分. -- (vision；65)
ISBN 978-986-7282-94-1 (平裝)
1. 職場成功法

494.35　　　　　　　　　　　　96009791

vision 065

三財一生——金牌教練教你同時健康、快樂又有錢

作者／管家賢

發行人／張寶琴
社長兼總編輯／朱亞君
主編／張純玲
編輯／羅時清
外文主編／簡伊玲
美術設計／林慧雯
校對／張純玲・陳佩伶・余素維・管家賢
企劃副理／蘇靜玲
業務經理／盧金城
財務主任／趙玉雯　業務助理／林裕翔
出版者／寶瓶文化事業有限公司
地址／台北市 110 信義區基隆路一段 180 號 8 樓
電話／(02) 27494988　　傳真／(02) 27495072
郵政劃撥／19446403　　寶瓶文化事業有限公司
印刷廠／世和印製企業有限公司
總經銷／聯經出版事業公司
地址／台北縣汐止市大同路一段 367 號三樓　　電話／(02) 26422629
E-mail／aquarius@udngroup.com
版權所有・翻印必究
法律顧問／理律法律事務所陳長文律師、蔣大中律師
如有破損或裝訂錯誤，請寄回本公司更換
著作完成日期／二〇〇七年三月
初版一刷日期／二〇〇七年六月十一日
初版六刷日期／二〇一一年九月十四日
ISBN：978-986-7282-94-1
定價／260 元

感謝您熱心的為我們填寫，
對您的意見，我們會認真的加以參考，
希望寶瓶文化推出的每一本書，都能得到您的肯定與永遠的支持。

系列：VO65　書名：三財一生——金牌教練教你同時健康、快樂又有錢

1. 姓名：＿＿＿＿＿＿＿　　性別：□男　□女

2. 生日：＿＿＿年＿＿＿月＿＿＿日

3. 教育程度：□大學以上　□大學　□專科　□高中、高職　□高中職以下

4. 職業：＿＿＿＿＿＿＿

5. 聯絡地址：＿＿＿＿＿＿＿＿＿＿＿＿＿＿＿＿＿＿

　　聯絡電話：(日)＿＿＿＿＿＿＿＿(夜)＿＿＿＿＿＿＿＿

　　　　　　(手機)＿＿＿＿＿＿＿＿

6. E-mail信箱：＿＿＿＿＿＿＿＿＿＿＿＿＿＿

7. 購買日期：＿＿＿年＿＿＿月＿＿＿日

8. 您得知本書的管道：□報紙／雜誌　□電視／電台　□親友介紹　□逛書店　□網路

　　□傳單／海報　□廣告　□其他

9. 您在哪裡買到本書：□書店，店名＿＿＿＿＿＿　□劃撥　□現場活動　□贈書

　　□網路購書，網站名稱：＿＿＿＿＿＿　　□其他＿＿＿＿＿＿

10. 對本書的建議：(請填代號　1. 滿意　2. 尚可　3. 再改進，請提供意見)

　　內容：＿＿＿＿＿＿＿＿＿＿＿＿＿＿

　　封面：＿＿＿＿＿＿＿＿＿＿＿＿＿＿

　　編排：＿＿＿＿＿＿＿＿＿＿＿＿＿＿

　　其他：＿＿＿＿＿＿＿＿＿＿＿＿＿＿

　　綜合意見：＿＿＿＿＿＿＿＿＿＿＿＿＿＿＿＿＿＿

11. 希望我們未來出版哪一類的書籍：＿＿＿＿＿＿＿＿＿＿＿＿

讓文字與書寫的聲音大鳴大放
寶瓶文化事業有限公司

（請沿此處線剪下）

寶瓶文化事業有限公司　收

110 台北市信義區基隆路一段 180 號 8 樓

8F, 180 KEELUNG RD., SEC. 1,

TAIPEI, (110) TAIWAN R.O.C.

（請沿虛線對折後寄回，謝謝）